30秒探索

伟大的发明

**每天30秒
解析50项改变世界的发明**

主编

[英] 戴维·波义尔

（David Boyle）

参编

[英] 朱迪斯·霍奇（Judith Hodge）

[英] 戴安娜·罗林森（Diana Rawlinson）

[英] 安德鲁·西姆斯（Andrew Simms）

译者

刘晓安　韩永珍　刘桂林

机械工业出版社

CHINA MACHINE PRESS

David Boyle，30–Second Great Inventions
ISBN: 978–1–78240–512–2
Copyright © 2018 Quarto Publishing plc
Simplified Chinese Translation Copyright ©2023 by China Machine Press. This edition is authorized for sale in the Chinese mainland (excluding Hong Kong SAR, Macao SAR and Taiwan).

北京市版权局著作权合同登记 图字：01-2019-4027号

图书在版编目（CIP）数据

伟大的发明/（英）戴维·波义尔（David Boyle）主编；刘晓安、韩永珍，刘桂林译. — 北京：机械工业出版社，2022.7
（30秒探索）
书名原文：30–Second Great Inventions
ISBN 978-7-111-71420-0

Ⅰ.①伟… Ⅱ.①戴… ②刘… ③韩…④刘… Ⅲ.①创造发明 – 普及读物 Ⅳ.①N19–49

中国版本图书馆CIP数据核字（2022）第153136号

机械工业出版社（北京市百万庄大街22号　邮政编码100037）
策划编辑：汤　攀　吴海宁　责任编辑：汤　攀
责任校对：张亚楠　张　薇　封面设计：鞠　杨
责任印制：张　博
北京利丰雅高长城印刷有限公司印刷
2023年2月第1版第1次印刷
148mm × 195mm · 4.75印张 · 168千字
标准书号：ISBN 978-7-111-71420-0
定价：59.00元

电话服务　　　　　　　　　网络服务
客服电话：010-88361066　　机 工 官 网：www.cmpbook.com
　　　　　010-88379833　　机 工 官 博：weibo.com/cmp1952
　　　　　010-68326294　　金 书 网：www.golden–book.com
封底无防伪标均为盗版　机工教育服务网：www.cmpedu.com

目 录

前言

戴维·波义尔

　　造就一个成功的发明家的因素有哪些呢？有很多。你需要具有自己的专业知识背景，就像美国飞机先驱莱特兄弟一样。你需要认识合适的人来帮你开发自己的发明。例如苏格兰工程师詹姆斯·瓦特与伯明翰制造商马修·博尔顿一起，完成了对蒸汽机的改进。然后还需要认识到自己的发明的重要性，否则它会被忽视，数年内都得不到应用，例如苏格兰发明家詹姆斯·布里斯与其发明的风力发电机的遭遇。你还需要有投资者，能推广自己的发明，例如竞相发明充气轮胎的发明家威廉·汤姆森和约翰·邓洛普。但是最重要的是，你需要有产生灵感的一瞬间。

　　灵感有时候是一个在理论上经过仔细研究后得到的启示，如阿基米德螺线这个古希腊时期的发明。灵感有时候则是一系列让人精疲力尽的实验，不断地观察理论在实践中是如何运作的，且过程可能长达数年，就像英国工程师弗兰克·惠特尔在制造喷气式发动机时的经历一样。灵感抑或像英国先驱经济学家约翰·梅纳德·凯恩斯所描述的，像"头脑中模糊的灰色怪物"一样捉摸不透。

　　阅读本书时你可以看到诸多著名的发明和发明家的故事，并且会有一个清晰的认识，那就是发明须出现在合适的时机才能成功。当然，任何规律都有例外。由中国人在8世纪发明的机械钟直到12世纪才传播到世界其他地方，而由忽必烈倡导使用的纸币，从

12世纪至17世纪末都未能在欧洲流通起来。但总的说来，成功的发明之所以出现，是因为具备了让其出现的知识以及对它的需求，这也体现在瓦特的蒸汽机、蒸汽船、塑料和内燃机的发明上。

　　这就引出了一个重要的问题：这些发明的创造者们就恰好是能够取得这些突破的少数人吗？或者他们正巧处在合适的地方和时间，使得他们可以比他们的竞争者提前数年乃至仅仅数日取得成功？如果瓦特英年早逝或者身陷1745年查尔斯·爱德华·斯图亚特（小王子查理）觊觎王位的一系列举动的余波之中，最终未成为格拉斯哥的一名学徒，或者没碰到他的朋友物理学家约翰·罗宾逊或其他苏格兰启蒙运动中最受尊重的那些人，会有其他人取得瓦特在蒸汽动力方面的突破吗？

　　这个问题的答案不可能是确定的。但我们也需要考虑一下精英人物的作用。本书中的发明家们都是精通于自己研究领域的人，从而清楚可能有哪些新的进展。但与此同时，他们也从自己研究领域之外带来与问题相关的一些见解。美国发明家托马斯·爱迪生说过："天才是1%的灵感加99%的汗水。"为了进一步证明这句非常著名的话，他坚持不懈地寻找可以提高灯泡灯丝亮度和使用寿命的合适材料。他名下的1000多项专利便是他这句话最好的佐证。但也有一些与之相反的例子。很多人也并不真正相信，如果他们付出了足够的汗水也能成为爱迪生，因为瞬间的灵感也很重要。一项发明，不管它在技术、经济还是社会领域，都是建立在个人瞬间的灵感上的。

除以上所述，发明还需要更为广阔的人际网络将突破性的观点变成现实。发明家需要结交有足够的能力将此变为现实的人。本书介绍了多位著名的发明家，但仍有更多的发明家并未为人所知。

材料

材料
术语

合金　指一种金属与另一种或几种金属（或非金属）经过混合熔化，冷却凝固后得到的具有金属性质的固体产物。

古希腊　西方文明的源头之一，古希腊文明持续了约650年（前800年—前146年），是西方文明最重要和直接的源头。

亚述帝国　（前935年—前612年），是兴起于美索不达米亚（即两河流域，今伊拉克境内幼发拉底河和底格里斯河一带）的国家。

巴比伦帝国　以巴比伦城为基础的古代帝国，位于现今伊拉克境内，兴盛于约前1800年，衰败于约前500年。

酚醛树脂　为无色或黄褐色透明物，呈颗粒或粉末状。耐弱酸和弱碱，遇强酸发生分解，遇强碱发生腐蚀。不溶于水，溶于丙酮、酒精等有机溶剂中，由苯酚醛或其衍生物缩聚而得。

沥青　由不同分子量的碳氢化合物及其非金属衍生物组成的黑褐色复杂混合物，是高黏度有机液体的一种，多以液体或半固体的石油形态存在，主要用于涂料、塑料、橡胶等工业产品以及铺筑路面等。

混凝土　指由胶凝材料将集料胶结成整体的工程复合材料的统称。

水晶宫　由温室设计师约瑟夫·帕克斯顿为1851年万国工业博览会设计的玻璃建筑物，位于现今的肯辛顿花园中。该建筑物后被移至泰晤士河南岸，于1936年被焚毁。

埃迪斯顿灯塔　在英格兰西南部康沃尔的雷姆岬南端14余千米的埃迪斯顿礁上曾有过4座灯塔，它们被用于提醒船只远离该礁石航行。其中由约翰·斯密顿于1759年建成第3座灯塔，使用了可在水下凝固的混凝土，从而成为所有混凝土灯塔设计的先驱。

电镀　是利用电解作用使金属或其他材料制件的表面附着一层金属膜的工艺，从而起到防止金属氧化（如锈蚀），提高金属耐磨性、导电性、反光性、抗腐蚀性（硫酸铜等）及增进美观等作用。

太监　原指宦官中等级最高的人，现指被阉割后入宫服务的男性。在古代，他们负责侍奉皇帝及其家族。

法国大革命　指1789年7月14日在法国爆发的革命，统治法国多个世纪的波旁王朝及其统治下的君主制在3年内土崩瓦解。

温室效应　指透射阳光的密闭空间由于与外界缺乏热对流而形成的保温效应，即太阳短波辐射可以透过大气射入地面，而地面增暖后放出的长波辐射却被大气中的二氧化碳等物质所吸收，从而产生大气变暖的效应。

赫梯人　赫梯人的帝国约在前1600年时出现在现今的土耳其。

工业革命　开始于18世纪60年代，通常认为其发源于英格兰中部地区，指资本主义工业化的早期历程，即资本主义生产完成了从工场手工业向机器大工业过渡的阶段。

铁矿石　是生产钢铁的重要原材料，可以从中提取铁元素。

泡碱　天然碱矿的主要矿物组分之一，用来制取纯碱、烧碱、小苏打、泡花碱等。

硝化纤维素　一种有机高分子化合物，为纤维素与硝酸酯化反应的产物，呈白色或微黄色棉絮状，不溶于水，溶于酯、丙酮等有机溶剂。

万神殿　圆形的罗马神庙，于126年由罗马皇帝哈德良建成。它具有创造性的混凝土穹顶，现今依然矗立于罗马。万神殿从7世纪起就一直是基督教教堂。

莎草纸　用纸莎草制成的薄纸，最早由古埃及人使用。

石蜡　从石油、页岩油或其他沥青矿物油的某些馏出物中提取出来的一种烃类混合物，主要成分是固体烷烃，为白色或淡黄色半透明固体。

生铁　含碳量大于2%的铁碳合金，是用铁矿石经高炉冶炼的产品，性能为坚硬、耐磨、铸造性好，但生铁脆，不能锻压。

高分子化合物　指相对分子质量高达几千到几百万的化合物，绝大多数高分子化合物是许多相对分子质量不同的同系物的混合物，因此高分子化合物的相对分子质量是平均相对分子量。

子午线轮胎　是轮胎的一种结构形式，区别于斜交轮胎、拱形轮胎、调压轮胎等，俗称"钢丝轮胎"。

谢菲尔德钢　英格兰北部谢菲尔德出产的钢。该城市专门从事谢菲尔德钢制餐具的生产。

水泥

30秒钟历史

3秒钟人物传记
马库斯·维特鲁威·波利奥
公元前80 — 公元前70年至公元15年
古罗马建筑师和工程师。其建筑著作包含最早对古希腊人和古罗马人发明的用于建造港口的水凝水泥的描述。

约翰·斯密顿
1724—1792
英国土木工程师，通过对高强度、速干、水下可凝固的混合物进行实验，从而发明了现代的水泥。

约瑟夫·阿斯普丁
1778—1855
英国水泥制造商，取得了波特兰水泥最早的专利。波特兰水泥得名的原因是它与维多利亚时期的包墙材料波特兰石相似。

3秒钟速览
水泥和混凝土（水泥、砂石和水的混合物）可以说是文明的基石，因为它们是将建筑物建造出来的关键黏合剂。

3分钟扩展
水泥的奥秘直到文艺复兴时期的学者开始研究古代经典著作时才被重新发现。但是水泥在现代的突破，还得归功于约翰·斯密顿等人。斯密顿对多种方法进行了研究，发明了一种能在12个小时内牢牢凝固，且能在海水涨潮间隙定型的水泥，这样他就可以在英吉利海峡建造第3座埃迪斯顿灯塔。最终该灯塔在1759年建成。

水泥的历史可追溯到史前时期，那时古希腊人、古巴比伦人及他们之前的亚述人开始用具有粘合能力的黏合剂，将其他材料固定在建筑物中。亚述人使用沥青制造砂浆，而埃及人则使用砂子和石膏的混合物制造砂浆。上述砂浆通常都要与小石子混合。但直到古罗马时期这些想法才变成可用的混凝土，其方式则是古罗马人的先驱们从来没想过的。意大利建筑师马库斯·维特鲁威·波利奥于15年去世，他在《建筑十书》中阐述了自己的基本观点，并记录下了一种被碾碎、让水泥在水中可以凝固的火山灰的成分。维特鲁威关于建筑的基本原则在修建万神殿的过程中得以实现并令人称奇。为古罗马皇帝哈德良建造的万神殿于118年左右动工，它有着古代世界最大的无支撑穹顶，至今依然矗立着。古罗马巨大的输水系统使用的水泥和混凝土的构造方式，在之前的人类文明中是不可能存在的。也许让人吃惊的是，罗马帝国在476年覆灭，其损失之一，就是制造混凝土的技术被遗忘了，并一直持续到文艺复兴时期。

本文作者
戴维·波义尔

水泥看上去是现代产物。但其实在史前时期人们就开始使用水泥了。

玻璃

30秒钟历史

79年著名的维苏威火山喷发，火山灰将位于意大利南部的庞贝城和赫库兰尼姆城覆盖。当这些遗址被重新发现的时候，考古学家们发现两座城里一些较为富有的家庭拥有玻璃窗。玻璃窗让人们不受天气变化的影响，并且可以让光线照进家里，不幸的是玻璃不能够将灼热的火山灰挡在窗外。尽管玻璃最早不是由古罗马人发明的，但考古发现的迹象表明，他们肯定推动了玻璃的产生。玻璃是在青铜时代的文明中发展起来的，这些文明包括古叙利亚、古代中国、古印度和古埃及。法老们一直到古罗马时期都监管着玻璃的制作，因此亚历山大出产着世界上质量最好的玻璃。当哈德良国王在2世纪访问亚历山大时，对此印象深刻，于是他将一个半透明的玻璃花瓶送给在罗马的朋友塞尔维亚努斯。古罗马作家老普林尼写道，古埃及人或者腓尼基人宣称是自己发明了玻璃的制造工艺。依据是腓尼基商人们在迦密山下的石头上做饭时，做饭的锅就放在他们的货物泡碱上。泡碱就是天然碳酸钠，是一种天然的防腐剂。腓尼基人发现停止加热食物时，玻璃就在锅底形成了。

相关主题
水泥　4页
光学透镜　72页

3秒钟人物传记

乔治·瑞芬史考夫特
1632—1683
英国玻璃制造商和出口商，他首先发现向玻璃中添加铅能让玻璃更透明、更易成型。

罗伯特·卢卡斯·强思
1782—1865
英国玻璃制造商。他在法国玻璃工匠乔治·本汤的帮助下，改进了制造平板玻璃的技术。

约瑟夫·帕克斯顿
1803—1865
英国园艺学家，其于1851年设计的伦敦水晶宫奠定了现代建筑物中玻璃的使用方式。

本文作者
戴维·波义尔

玻璃改善了我们的日常生活，并让科学家能够看清我们的世界之外的现象。

3秒钟速览
玻璃是一种非常常见的材料，仅用沙子就可制成。玻璃不受气温影响，可用于制作饮料容器、装饰器物、眼镜及其他物品。

3分钟扩展
古罗马的玻璃制造商发明了透明的窗玻璃（早期的玻璃是绿色玻璃），还可以批量制造玻璃杯和玻璃瓶。但是就像古罗马人许多的技术革新一样，古罗马的玻璃制造技术在黑暗时代（约为476-1000年）消失了，而之后又被重新发明出来。意大利人和波希米亚人创造和发明了在14世纪及以后"主宰"了生活的玻璃。

纸

30秒钟历史

3秒钟速览

纸出现前，任何书写的东西都只能歪歪扭扭地写在昂贵的莎草纸或牛皮纸上。便宜纸的发明，意味着思想可以更广泛地传播。

3分钟扩展

到751年，中国唐王朝的疆域已经扩展至戈壁沙漠的边缘。这一年的怛罗斯之战让唐王朝停止了扩张，并将丝绸之路的控制权转交出去。据说就是在那时，被俘的中国造纸工匠将他们的造纸术带到地中海地区，然后又花了五百年时间，造纸术才传到西欧。

蔡伦是中国东汉时期的一名太监，他被认为在105年左右改进了纸和造纸术。据说这是他观察胡蜂用干燥的植物纤维制作蜂巢时受到的启发。蔡伦因支持窦太后及其党羽而卷入了激烈的政治斗争和权力争夺。在朝中，他被提拔至负责武器制造的职位，并因此职位而被认为是首先使用树皮、破布和渔网发明纸的人。蔡伦因政治斗争被继位的皇帝打入牢狱，服毒身亡。接下来的一百年中，造纸术在中国各地迅速推广，加速了中国文化的传播，也使中国在政治和文化方面迅速发展，因此蔡伦受到人们的尊敬。之后的五百年内，造纸工匠在7世纪被阿拉伯人俘获，造纸术就被带到了阿拉伯，并通过返回的十字军带到西欧。

相关主题
印刷机　86页

3秒钟人物传记
蔡伦
61—121
太监和发明家，发明了造纸术。

本文作者
戴维·波义尔

胡蜂的巢由植物材料制成。在1世纪的中国，为造纸术的发明提供了灵感。

1923年7月31日
出生在离美国宾夕法尼亚州匹兹堡不远的新肯辛顿

1933年
克沃勒克的父亲去世。她认为是父亲将自己引入了自然世界

1942年
开始在现在的卡内基梅隆大学学习，选择化学专业的原因是她不能负担医学专业的学费

1946年
获得杜邦公司的工作

1959年4月
描述"印第安绳索诀窍"的获奖论文发表，这篇论文内容为在广口瓶内制造尼龙的实验

1964年
进行实验，发现凯夫拉尔合成纤维

1971年
凯夫拉尔合成纤维第一次被杜邦公司推向市场。自此为该公司赚得数十亿美元

1986年
领导高分子化合物研究团队数年后，从杜邦公司退休

1995年
因杰出的技术成就，被杜邦公司授予拉瓦锡奖

2014年6月
第一百万件使用凯夫拉尔合成纤维的防弹衣被制成

2014年6月18日
去世，享年90岁

人物介绍：史蒂芬妮·克沃勒克

STEPHANIE KWOLEK

当史蒂芬妮·克沃勒克作为位于美国威明顿的杜邦公司研究实验室的一名成员时，她取得了意外的新发现。她偶然发现了一种强度比铁高五倍的塑料纤维。这种材料在推向市场时被命名为凯夫拉尔，并被全世界使用，因其可以作为制作防弹背心的轻便材料而闻名。

"我知道我做出了一项发明。"克沃勒克后来说道，"但我并没有大喊'我找到了！'。我很激动，整个实验室和公司管理层也很激动，因为我们当时正在寻找一些新的、不同的材料，而凯夫拉尔就是这种新的材料。"

当时她本在寻找一种轻质的纤维来取代子午线轮胎中的钢丝。这个过程需要把一系列碳基分子转化成高分子化合物中的大分子。1964年，当她正试图将一种碳基分子转化成液体时，这种液体却令人失望地变得浑浊起来。但她继续进行实验，劝说同事将浑浊的液体放入离心机中，然后发现液体生成了一种非常坚硬的纤维。这种纤维不但比同等质量的钢更为坚硬，而且还具有防火性能。

凯夫拉尔最早被称为"纤维B"，用作轮胎的新成分。现今它除了用于制作防护服，还被广泛用于飞机、移动电话和船帆等一系列产品中。

克沃勒克是波兰裔移民工人家庭的女儿。她曾想成为一名医生，但付不起医学专业的学费。为完成自己的理想，她在现今的卡内基梅隆大学学习化学时，还寻找了一份化学研究方面的临时工作以资助自己的医学研究。她未来的导师哈勒·查奇是一位化学专业的先驱人物，当时他刚刚发明了尼龙。他对克沃勒克进行面试，听说她已经在别处得到了一份工作，于是当场为她提供了一份工作合约。

但直到1975年凯夫拉尔才出现在市场上，克沃勒克的这项发明为杜邦公司赚得了数以亿计的收入。但克沃勒克并未从中获利，因为她已经签字将专利权转让给该公司。

戴维·波义尔

铁

30秒钟历史

3秒钟速览
铁是地球上最常见的矿物之一。大规模提取、提纯和使用铁的技术使18世纪工业革命得以产生。

3分钟扩展
在14世纪英国国王爱德华三世统治期间，铁被认为是非常宝贵的，以至于皇室厨房中的多个铁锅都被归类为珠宝。中世纪时期发明的新型冶炼炉，使新的铸铁形状应运而生，而皇室使用的陶器则是其主要的形状模板。

地壳的5%是由铁矿石组成的，而铁矿石是自然状态下含有铁元素的岩石和矿物。"冶炼"是从铁矿石中提取纯铁的过程。没有人确切知道谁最早冶炼铁，但是冶炼铁的过程似乎是青铜时代中期于赫梯文明中产生的。赫梯文明是位于土耳其的一种人类文明，在前14世纪达到顶峰。当赫梯王国于前1180年覆灭时，其熔铁的技术开始更广泛地向南部的非洲和印度传播，然后继续向希腊和中国传播。但现代冶铁的关键是工业革命中发明的更为廉价的生产方式，包括制造钢的技术。这些廉价的生产方式让工业革命如此之多的构想成为现实。特别要提到一个信奉基督教贵格会名叫亚伯拉罕·达尔比的人。他创造性地在1709年发明了冶炼高炉，使用焦炭取代木炭从而达到适宜大量生产铸铁的温度。到了他孙子接班的时期，他们已能冶炼足够多的铸铁，建造人类历史上第一个全部使用钢铁的大型建筑物，即英国什罗普郡跨塞文河的铁桥。这座桥因坐落在什罗普郡而得名。

相关主题
钢　14页

3秒钟人物传记
亚伯拉罕·达尔比
1678 —1717
基督教贵格会信奉者，英国现代冶铁的先驱

托马斯·法诺里斯·普理查德
1723 —1777
英国建筑师和室内设计师，设计了位于英国什罗普郡艾恩布里奇的世界上首座全钢铁大桥

詹姆斯·布蒙·内尔森
1792 —1865
苏格兰发明家，发明了提高冶铁效率的热风炉技术

本文作者
戴维·波义尔

冶铁技术在青铜时代就被人们掌握了。但需要蒸汽才能实现工业规模的冶铁。

钢

30秒钟历史

相关主题

铁　12页

3秒钟人物传记

亨利·贝塞麦
1813—1898
英国工程师、贝塞麦冶
铁工艺的创始人。他还
有其他多项发明，如让
乘客保持平衡避免晕船
的船只。

安德鲁·卡耐基
1835—1919
苏格兰裔美国人，因炼
钢致富后一度成为世界
上最富有的人之一。

本文作者

戴维·波义尔

3秒钟速览
钢作为铁和碳的合金，它可能不是人类已知的强度最高的材料，但却是能以经济、高效的方式制造出韧性最好、硬度最高的实用型材料。

3分钟扩展
公元前326年，位于现今印度旁遮普邦地区的国王波鲁斯向亚历山大大帝敬献了一柄钢剑。斯里兰卡和印度南部的泰米尔人可能引领了古代世界的炼钢技术，尽管考古史上钢铁生产的最早证据来自公元前1800年位于现今土耳其的安纳托利亚。

1879年，用熟铁制成的苏格兰福斯海湾桥发生灾难，在暴风雨中崩塌，满载乘客的列车落入水中。这是一系列熟铁桥事故中的最后一次。工程师们知道熟铁不是建造大桥和其他大型建筑物最合适的材料，他们需要纯度、硬度和强度更高的材料。钢作为铁合金，最晚是在前1800年由印度的泰米尔人制成的，但由于造价太贵，因而无法大量生产。改变这一状况的是亨利·贝塞麦，他的父亲曾在巴黎铸币厂工作，后于1789年法国大革命期间逃到英国。贝塞麦发明了一种将氧气吹入融化的生铁中去除杂质的方法，并将该技术于1856年在切尔滕纳姆公之于众。听众中有苏格兰工程师詹姆斯·内史密斯，他一直在研究这个问题。内史密斯听到贝塞麦的方法与自己构想的方法相同时，便马上放弃了自己的方法。贝塞麦得知后主动提出将自己专利权的三分之一给内史密斯，但后者因临近退休而拒绝了。当贝塞麦在谢菲尔德建立了一座铸钢厂使用其新技术生产钢铁后，这座城市与钢铁的联系便建立起来了。

拉伸强度高且造价低的特点使得钢材在大型建筑项目中被广泛使用。这些项目大到摩天大楼、悬索桥和铁路，小到铆钉。

石油

30秒钟历史

1847年，苏格兰化学家詹姆斯·杨注意到德比郡一座煤矿的顶部有黑色的石油渗出。他开始用石油做实验，设法研制了一种较轻的用于油灯的燃油和一种较重的用于机器的润滑油。四年后，该煤矿出产的燃油和润滑油开始枯竭，但杨却发现石油从煤矿顶部的砂岩中渗了出来，于是意识到有人为提炼石油的可能。正是这种想法让杨能发明出被他称为石蜡油或石蜡的物质。这项发明让他发了财，最终得以开采苏格兰页岩油矿藏以制造石蜡。在取得巨大突破之前，杨在格拉斯哥的夜校自学，并成为传教士戴维·利文斯敦的密友。杨取得自己的发现后，把钱用在坐游艇、进行科学实验上，还资助了利文斯敦在非洲的探险。"石油"一词源自拉丁文"岩石"一词，而"石头出产的油"则用于描述从地下产出的物质。那个时候石油主要产自俄罗斯的巴库，在那里第一座石油炼油厂于1861年建成。

开采石油改变了自然景观，也同样改变了经济。

塑料

30秒钟历史

冶金学家亚历山大·帕克斯是电镀专家，后来被认为是发明第一种人造塑料"帕克赛恩（Parkesine）"的人。他的发明是用硝酸和一种溶液处理纤维素来制造硝化纤维素，这种物质现今通常被称作"人造象牙"，该发明于1862年获得专利。帕克斯进入商界，在伦敦东部哈克尼区的一家工厂生产这种材料，但由于帕克赛恩可燃性高且易碎，生产成本也相当高，所以他的公司失败了。帕克斯有十七个孩子，其中一些孩子帮他做实验，他们试图复制橡胶或象牙等天然材料的一些性质。但是帕克赛恩没有其后来的竞争者假象牙和赛璐珞那么成功，后两者在19世纪晚期取代了前者。但这三者都被1907年出现的酚醛塑料所取代。酚醛塑料是比利时裔美国化学家列奥·贝克兰发明的，是最早的完全的合成塑料，因恰好出现在第一次世界大战期间而被广泛使用。酚醛塑料具有神奇的绝缘性能，既不传热也不导电。这使得酚醛塑料成为制造电话和其他电力设备的完美材料。

相关主题

信用卡　　120页

酚醛塑料电话是在人们生活中能找到的第一批塑料制品。

建筑和工程

建筑和工程
术语

星盘 古代天文学家、占星师和航海家用来进行天文测量的一种重要的天文仪器。用途非常广泛，包括定位和预测太阳、月亮、金星、火星等相关天体在宇宙中的位置，确定本地时间和经纬度，三角测距等。

碳定年法 20世纪40年代设计的一种测试，通过测定物体所含的碳-14（碳的放射性同位素）来确定物体的年代。使用同位素的半衰期，测量其衰减的程度，可计算物体的年龄。

燃气轮机 以连续流动的气体为工质带动叶轮高速旋转，将燃料的能量转变为有用功的内燃式动力机械，是一种旋转叶轮式热力发动机。

古巴比伦空中花园 古代世界七大奇迹之一，因其数百英尺高的花园而闻名。位于古巴比伦城，由尼布甲尼撒二世在前600年左右建造。

伦敦大轰炸 指在第二次世界大战中纳粹德国对英国首都伦敦实施的战略轰炸。

美索不达米亚 是古希腊对两河流域的称谓，意为两河之间的土地，两河指幼发拉底河与底格里斯河。地理位置包括了现今的伊拉克、伊朗、土耳其、叙利亚和科威特的部分地区。

推进器 是将任何形式的能量转化为机械能的装置。通过旋转叶片或喷气（水）来产生推力。可以用来驱动交通工具前进，或是作为其他装置（如发电机）的动力来源。

苏格兰启蒙运动　始于1745年试图为斯图亚特王朝复辟的大起义，是苏格兰历史上极具创造力的时期，产生了一系列重要的发明。苏格兰启蒙运动，一直持续到20世纪，直至苏格兰人约翰·罗杰·贝尔德发明了电视机。

谷物播种机　一种农业设备，在土地特定的深度插入种子并用泥土覆盖，保护种子不被鸟类吃掉。

蒸汽　水的气体形态，具有巨大的驱动力。

锡拉库萨　意大利西西里岛上的一座城市，位于西西里岛的东岸，前734年由希腊城邦科林斯移民所建。

唐代　（618年—907年），是中国历史上继隋朝之后的大一统中原王朝，共历21帝，享国289年。

乌尔　古代美索不达米亚地区苏美尔人居住的城邦，曾位于幼发拉底河的河口（后来海岸线有变迁），在前3600年左右闻名于世。

真空　指在给定的空间内低于1个大气压力的气体状态，是一种物理现象。

车轮

30秒钟历史

谁是最早发明车轮的人？这很重要，因为从某种意义上说，这是人类有史以来取得的最重要的发明。但问题在于答案已消失在时间的迷雾中。你不妨问问哪种古人类最早用两条腿直立行走。尽管专家们意见并不一致，但有一个主流的观点认为最早的车轮是前3500年左右美索不达米亚的制陶者使用的车轮。考古学家所发现的最早的例证在现今伊拉克的乌尔古城发掘出土。碳定年法认为这些车轮是于前3129年制造的。但令人疑惑的是，事实上在全世界，从中国和印度到欧洲和古希腊，车轮是在同一时期出现的，而古希腊人还发明了独轮手推车。明显带有车轮的四轮马车的最早例证是在波兰出土的，可追溯到前3330年。制陶者的车轮转变为运输工具和交通工具的原因是马的驯化。剩下的部分则是历史了，但是我们不知道具体该归功于哪个人。

相关主题
蒸汽机 36页
内燃机 38页

3秒钟人物传记
查尔斯·伦纳德·伍莱
1880—1960
英国考古学家，主持了在美索不达米亚乌尔古城的发掘工作，发现了现存最早的制陶者使用的车轮。

本文作者
戴维·波义尔

3秒钟速览
车轮在世界上多个地方同时出现。它使人们能够远距离移动重物。

3分钟扩展
尽管有些文明声称自己发明了车轮，但有些文明则显然不能。古代的美洲文明确实发明了车轮，但人们将车轮用作孩子的玩具。区别在于，与亚洲和欧洲不同，美洲原始居民没有马，而水牛也未被驯养和用于拉车。

车轮作为交通工具被发明，是人类进化史上的一个转折点。

钉子

30秒钟历史

相关主题

铁 12页

钢 14页

3秒钟人物传记

雅各布·帕金斯
1766—1849
具有开创精神的美国金匠，发明了制造方钉的技术。

约瑟夫·戴尔
1780—1871
发明家，方钉制造商。

约瑟夫·亨利
1827—1881
英国实业家，是将圆钉大量推向市场的人，也是GKN集团的经理。

本文作者

戴维·波义尔

3秒钟速览
钉子将两片木头结合起来，可以使木头长时间不会分开。

3分钟扩展
到底是谁发明了钉子？没有人知道，但是正如本书中大量其他先驱性的发明，钉子可能出现在青铜时代的中东。已发现的最早的青铜时代的钉子经碳定年法检测后发现来自前3400年左右的古埃及。在当时，它们看上去似乎价值不菲。

钉子直到19世纪还是奢侈的物品。美国诞生初期，因为无法获得英国大批量制造的钉子，所以人们曾在冬季漫长的寒夜里围着火制造钉子。美国第三位总统托马斯·杰斐逊在没有更挣钱的事情可做时，就开始制造钉子。当人们搬家时，通常首先将钉子取出来，因为钉子对于固定新家各处的托梁非常重要。钉子价格下降的原因，是马萨诸塞州金匠雅各布·帕金斯发明了一种利用机器将熟铁制成方形钉子的技术。帕金斯极具创造性，他发明了世界上第一台压缩式制冷装置以及机枪的原型"蒸汽枪"，而威灵顿公爵以杀伤性太大为由拒绝了机枪。帕金斯在英格兰有个名叫约瑟夫·戴尔的竞争对手。戴尔是罗德岛海军上校的儿子，他在伯明翰兴建了自己的制钉公司，最终因曼彻斯特银行破产而遭受财务损失。上述两种钉子都被圆钉取代，圆钉的发明为我们提供了现在廉价、样式各异的钉子。

在上千年的时间里，钉子曾由青铜、黄铜、铁、铜和铝制成，但如今市场上最容易买到的钉子是用钢制成的。

阿基米德螺线

30秒钟历史

相关主题
车轮　24页

3秒钟人物传记
阿基米德
公元前287 — 公元前212
工程和数学领域的先驱，闻名于古代世界，出生于西西里岛的叙拉古，死于一名古罗马战士之手

本文作者
戴维·波义尔

3秒钟速览
阿基米德曾设计过一个简单的水泵。这种水泵目前仍被使用，尤其是用于下水道中。

3分钟扩展
阿基米德是否是螺线的发明者，抑或是他在亚历山大城看到了一个运动中的螺线然后受到启发？曾有报道说古巴比伦的空中花园正是采用这种方式提水灌溉，而古典主义学者史蒂芬妮·戴里发现了一处亚述铭文，该铭文可能将螺线的起源提前了350年。

阿基米德螺线是仍在使用中的最早的螺线，是一种用来提升低处的水进行排水或灌溉的装置。它更精确的名称是螺旋泵，它由一个位于空心管中的铁质或木质的螺旋状圆柱轴组成。这个螺旋状的圆柱轴由人力或者风力转动。风车在荷兰被广泛用于排水和开垦土地。随着圆柱轴的转动，旋转的螺线就将水抬高，并将水从管口排出。人们认为，阿基米德作为希腊博闻广知的工程师，构想出这一发明最初是为了拯救他设计的一艘船。这艘叫作"叙古拉"的大船既是豪华游轮，也是战舰，大到足以装下花园、体育场和阿佛洛狄忒神庙，但船舱中满是海水，这个简单的泵则充当了"拯救者"，尽管"叙拉古"号只在叙拉古和亚历山大间航行了一次。阿基米德这项发明的影响力比这艘船更为久远，因为它用途广泛，不仅用于污水处理厂和巧克力喷泉，还让倾斜的意大利比萨斜塔保持稳定。

古希腊工程师阿基米德未遵从一名古罗马战士的命令，因为他盯着在地上画的一组圆圈而遭杀害。但他设计的简单泵沿用至今。

1907年6月1日
出生于英格兰中部的
考文垂

1928年8月27日
加入111中队，并因特
技飞行表演而出名

1936年1月27日
签订合同建立动力喷
气机有限公司，并开
发第一台喷气式飞机

1939年8月27日
首架使用喷气动力的
飞机Heinkel He 178
在德国罗斯托克首次
飞行

1940年12月10日
申请美国专利。惠特
尔因破产而压力巨
大，所以一个月未上
班

1941年5月15日
第一架英国喷气式飞
机在英国皇家空军位
于林肯郡的克兰韦尔
基地首次飞行。美国
XP-59A "空中彗星"
在1942年首次飞行

1948年8月9日
因身体原因从英国皇
家空军退役。之后在
美国生活

1996年8月9日
在美国马里兰州哥伦
比亚去世

2007年6月1日
惠特尔的塑像在他的
出生地考文垂揭幕

人物介绍：弗兰克·惠特尔

FRANK WHITTLE

　　英国人以具有创新性而闻名，但他们有时候也发现突破固有的保守主义和因循守旧的做事方式是很困难的。这意味着在英国有关发明的故事常常是精彩的想法被迫陷入僵局。这也肯定是飞机工程师弗兰克·惠特尔发明喷气发动机时遇到的状况。

　　惠特尔1907年出生于考文垂，他的父亲是一名机械工程师。他决心加入英国皇家空军，尽管他以最高的分数通过了入伍前的考试，但因为身高仅有1.5米而一直被拒绝入伍。1923年，在他第三次报考时，终于被批准入伍。

　　从成为空军军官学校学员开始，惠特尔就对速度的研究入了迷，他还痴迷于研究如何在不增加使用的引擎重量和推进器复杂程度的情况下让引擎的速度更快。飞机需要飞得更高以降低气压，而当时的引擎却并不适合这么做。于是他得出结论，空气涡轮机可能会为飞行速度的重大突破提供必要的动力。

　　由此他设计出了涡轮喷气发动机，它吸入并压缩空气，将空气点燃，然后将具有巨大动力的空气推出。因英国皇家空军表示这项设计"不切实际"，于是他为这个创意申请了专利。而英国皇家空军并不想采用它，所以该设计并未成为一项国家机密。1935年，他费尽功夫吸引到资金支持，成立了动力喷气有限公司。这件事情进展缓慢，官方的审批乃至他所需要的资金进展更慢，而德国却在努力推进类似的想法。事实上，有人后来告诉惠特尔，如果德国元首希特勒曾听说在英国有人设计了速度可达800千米/小时的飞机，那么第二次世界大战可能永远不会爆发。

　　伦敦大轰炸结束后，惠特尔的首架涡轮喷气式飞机在1941年起飞之时，德国飞行器先驱恩斯特·亨克尔则早已领先惠特尔长达21个月之久。5个月后，美国的贝尔飞机公司开始研发"空中彗星"项目，并于1942年10月升空。而英国的流星喷气式飞机直到1943年才得以升空。

戴维·波义尔

犁

30秒钟历史

相关主题
铁　12页
蒸汽机　36页

犁是人类历史上最古老的发明之一，对其改进做出最多贡献的人可能是来自苏格兰南部贝里克郡的年轻技术员詹姆斯·斯莫尔。斯莫尔18岁时在约克郡工作，他看到了约瑟夫·福尔贾姆发明的铁质"罗瑟汉姆犁"。福尔贾姆在该地区工作，并于1730年制成了第一件金属商用犁。即便如此，斯莫尔还是花了三十年时间才让自己的发明走出罗瑟汉姆，在这里斯莫尔曾经见过罗瑟汉姆犁。斯莫尔将这个想法带回家乡苏格兰。他在进行了一系列实验后找到了最好的犁形和最合适的金属，发明了"苏格兰犁"，这种犁很快就出口到美国。他还拒绝为这项发明申请专利，因为他认为这项发明应该被人们随意使用，尽管这曾让他在债务人的监狱中待了一段时间。福尔贾姆和斯莫尔的发明使得开垦一片土地仅需要一个农夫和一匹马，而无须好几个人和好几头牛。

3秒钟人物传记

杰斯罗·塔尔
1674—1741
英国农夫，发明了播种机，使种子能被均匀撒播，开启了世界的"新种植业"，这让他的劳工们感到失业的威胁。

约瑟夫·福尔贾姆
约1730年
英国发明家，发明了第一件铁犁，被称为"罗瑟汉姆犁"。他还是其他技术改进的先驱。

詹姆斯·斯莫尔
1740—1793
苏格兰人，改进了铁犁，并拒绝为这项发明申请专利。

本文作者
戴维·波义尔

犁开垦土壤从而收获庄稼，最早由家畜驱动，然后由机械驱动。

3秒钟速览
犁把地面的土犁开以便于播种，它是人类最古老的发明之一。

3分钟扩展
当人类在长时间定居的地方开垦土地时，最早的犁就出现了。最常见的犁是由家畜拉动的器具，而在那之前，犁只是手持的开垦工具而已。从古埃及人起，一直到哈里·弗格森（1884—1960）于20世纪20年代发明轻型拖拉机为止，犁的历史就是农耕文明前进的历史。

机械钟

30秒钟历史

3秒钟速览

机械钟彻底改变了计时方式，让人类能以更精确的时间进行沟通和合作。

3分钟扩展

机械钟在欧洲并不是解放人类的工具。它被用于加强人们的时间观念，规定他们起床、工间休息和睡觉的时间。自此计时和守时便成为一种宗教义务，也是清教徒和钟之间长期"联盟"的开始。

中国唐代的一行是历史上最伟大的发明家之一，他还是数学家、工程师和和尚。一行作为天文学和历法专家，建造了13处观测站，南至越南，北至西伯利亚，使其对日食的计算更加精确。他与作为军队工程师和官员的梁令瓒合作，于725年做出了自己最伟大的发明，即一架机械钟，它稳定滴下的水落在每24小时转动一周的转轮上。这架机械钟的齿轮利用水的能量，被制成球体，以追踪恒星和行星的运动轨迹。这项发明本该是一座钟，但它并不报告即时时间。11世纪由机械工程师穆拉迪发明的使用水银提供动能的星盘也不能报时。这个工具传播到穆拉迪生活的伊比利亚半岛，并于13世纪60年代开始为制造机械钟的革命提供灵感。这个时候，每个修道院和大教堂都争相制造最壮观、最精巧的钟，这些钟主要是由更为可靠的砝码来提供动能的。尽管此时的钟并没有钟面，但已可以用钟声来报时。

相关主题

指南针　44页

3秒钟人物传记

一行
683—727
中国天文学家，制作了第一架机械钟，这座钟由水提供动能

梁令瓒
约8世纪20年代
中国官员，与一行一道发明了第一架机械钟

穆拉迪
约11世纪50年代
阿拉伯人统治下的西班牙数学家，发明了欧洲第一架水银驱动的机械钟

本文作者

戴维·波义尔

与日晷或沙漏的计时方式相比，在中世纪，机械钟的计时方式更为精确。

蒸汽机

30秒钟历史

3分钟扩展

瓦特蒸汽机区别于纽科门蒸汽机的主要地方在于瓦特蒸汽机由蒸汽驱动活塞而非创造真空。在瓦特取得突破的数日后，他的朋友物理学家约翰·罗宾逊闯进了瓦特的实验室，他意识到瓦特已经攻克了这个问题。但是瓦特却非常紧张，他用脚把实验装置踢到桌子下边，以防罗宾逊发现这个秘密。

詹姆斯·瓦特实际上并不是蒸汽机的发明者。就像苏格兰启蒙运动中涌现出的许多工程师一样，瓦特采纳了一个已有的观点，并进行改进。蒸汽机最初的发明者是两个英国人，即军队工程师托马斯·塞维利和五金商托马斯·纽科门，前者首先发明了用火提升水位的机器，后者则发明了从水淹的矿井中抽水的机器。瓦特出生在苏格兰西部克莱德河畔的格里诺克。他的祖父是数学教授，他的父亲则为鲱鱼舰队制作航海仪器。年轻的瓦特算不上贫困，但是仍然面临生活上的困难。他在改进格拉斯哥大学用于授课的纽科门引擎的等比模型时，发现该模型未能产生足够的蒸汽让引擎有效运行。活塞一次只能旋转两个或三个冲程，而大多数蒸汽都浪费掉了，这让他觉得很恼火。他下决心找出阻止纽科门引擎中蒸汽浪费的方法，并于1765年4月取得了一项关键性的突破。此时他意识到蒸汽会冲进真空，并且不像纽科门引擎那样需要冷却气缸。

相关主题

内燃机　38页

3秒钟人物传记

丹尼斯·帕潘
1647—1712
法国物理学家，发明了蒸汽机的前身——压力锅

托马斯·塞维利
1650—1715
英国工程师，制造了世界上第一台蒸汽机

托马斯·纽科门
1663—1729
英国五金商，制造了使用通过压缩蒸汽形成真空的蒸汽机

詹姆斯·瓦特
1736—1819
苏格兰发明家，他对蒸汽机的改进成为一项突破

本文作者

戴维·波义尔

发明蒸汽机的人们需要了解大气压力和真空的性质。

内燃机

30秒钟历史

3秒钟速览

不使用马的交通工具成为现代生活的必需品，让人们能随意地出行。

3分钟扩展

内燃机的发明是一柄双刃剑。目前全世界的公路上有超过十亿辆汽车，它们导致了拥堵和污染，危害人体健康。内燃机或许不能让人们自由地来往，因为它常常让汽车主们堵在漫长又疲惫的路程上，同时还呼吸着汽车尾气。

法国是内燃机先驱的家乡，而内燃机的基础原理则推动汽车的出现。内燃机通过装置内燃烧室内气体或汽油的小规模爆炸推动引擎。这项发明是由两个法国人几乎在同一时间完成的，只不过一个人在陆地上完成，另一个人则在水中完成。前者是弗朗索瓦·艾萨克·德·里瓦兹，他是退役士兵、发明家兼政治家，取得此项发明时他正生活在瑞士。里瓦兹沿着氧气和氢气混合物可以被电火花点燃这个思路发明了第一台内燃机，他于1807年为这项发明申请了专利。第二年他发明了"没有马的马车"（世界上第一辆功能性四轮汽车），利用引擎来驱动。与此同时，约瑟夫·尼塞福尔·尼埃普斯和他的兄弟克劳德正在制造一种相似的引擎，这个引擎被称为Pyreolophore（内燃机），由煤粉、泥沼和松香的混合物提供动能。这种混合燃料为一艘行驶在索恩河上的小船提供动能，并在该年（1807年）为尼埃普斯兄弟赢得了专利。第一辆现代汽车是1860年生活在巴黎的比利时人埃蒂安·勒努瓦的发明成果，勒努瓦此时生活在法国，之后关于内燃机的故事就转移到德国了。

相关主题

蒸汽机　36页

3秒钟人物传记

弗朗索瓦·艾萨克·德·里瓦兹
1752—1828
法国退役军官，提出了第一台氢能内燃机的设计思路

约瑟夫·尼塞福尔·尼埃普斯
1765—1833
法国摄影先驱人物，发明了第一台船用内燃机，于1807年获得专利

埃蒂安·勒努瓦
1822—1900
比利时工程师，制造了第一辆商用的汽车引擎

本文作者

戴维·波义尔

努力发明更为环保的车辆，可能会给用于运输物资和人员的内燃机画上句号。

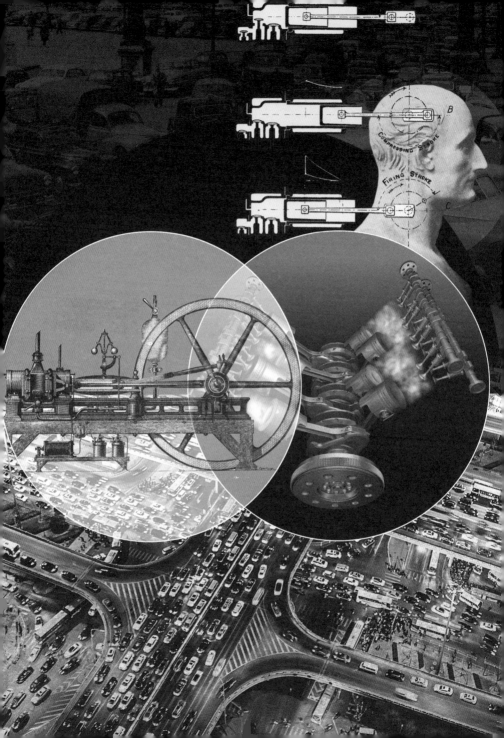

运输和方位

运输和方位
术语

替代能源　指替代石油、天然气和煤炭等石化燃料的能源，包括风能、太阳能、生物质能、海洋能、水能等可再生能源，也包括核能等不可再生能源。

自动驾驶系统　指列车驾驶员执行的工作完全自动化的、高度集中控制的列车运行系统。

女士灯笼裤　女性穿的贴身衣物，在19世纪的欧洲盛行，尤其用于骑自行车时穿着。

碳排放　二氧化碳是一种温室气体，因燃烧化石燃料而被排放到空气中。在高收入国家，驾驶燃油汽车是普通家庭碳排放的最大来源。

冷战　1947—1991年美国、北大西洋公约组织为主的资本主义阵营与苏联、华沙条约组织为主的社会主义阵营之间的政治、经济、军事斗争。

俄国革命　俄国工人阶级在布尔什维克党领导下联合贫农所完成的伟大的社会主义革命，是1917年俄国革命中最后的重要阶段。

磁偏角　指地球表面任一点的磁子午圈同地理子午圈的夹角。

多普勒效应　为纪念奥地利物理学家及数学家克里斯琴·约翰·多普勒而命名，他于1842年首先提出了这一理论。主要内容为物体辐射的波长因为波源和观测者的相对运动而产生变化。

女性解放　在财产、选举权、就业等方面，要求妇女取得与男性同等的法律、政治和社会经济权利的运动。这些构成了19世纪妇女权利运动和20世纪女性运动的基础。

固定翼飞行器　位置固定而非上下移动或旋转的飞行器，如飞机。升力由飞行器向前的动能、风速和机翼形状产生。

马力 工程技术上常用的一种计量功率的常用单位。

混合动力车辆 指车辆驱动系统由两个或多个能同时运转的单个驱动系统联合组成的车辆，车辆的行驶功率依据实际的车辆行驶状态由单个驱动系统单独或共同提供。

印度橡胶 天然橡胶的别名，从橡胶树中产出，主要来源于印度和拉丁美洲。

文艺复兴 指发生在14世纪至16世纪的一场反映新兴资产阶级要求的欧洲思想文化运动。

朝鲜战争 指1950年6月爆发于朝鲜半岛的军事冲突。朝鲜战争原是朝鲜半岛上的北、南双方的民族内战，后因美国、中国、苏联等多个国家不同程度地卷入而成为了一场国际性的局部战争，是第二次世界大战结束初期爆发的一场大规模局部战争。

天然磁石 指地球内部磁场的产生使某些天然物质（铁磁性矿物）形成的天然磁铁。

磁北极 磁轴的北极方向与地面的交点，是地球表面地球磁场方向垂直向下的点。

地磁极 指地面上地磁场的水平分量等于0，即磁倾角等于90°的地点（局部异常除外）。

前轮大后轮小的自行车 早期的自行车，前轮大，后轮小。其名称来源于便士和四分之一便士的尺寸。其前轮的直径不超过150厘米，用于提升骑行速度。前轮大后轮小的自行车非常危险，1890年它被一种更为新颖的设计样式所取代，这种新颖的自行车被称为安全自行车。

越南战争 越南战争是美国等资本主义阵营国家支持的南越（越南共和国）对抗由中国和苏联等社会主义阵营国家支持的北越（越南民主共和国）和"越南南方民族解放阵线"的一场战争。

指南针

30秒钟历史

早期的航海家依赖恒星、月亮和太阳以及各种地标辨别方向。当天气为多云或雾天时，就会出现问题。在欧洲于13世纪使用指南针之前，地中海的海上航行在十月到次年四月期间仍受到限制，因为天气不晴朗。指南针能提供恒定的方向，是因为其磁化指针可以确定相对于地球磁极的方向。这就大大提高了航行的安全性和效率，为探险和发现新世界打开了大门。人们认为中国人最早发明了指南针，但它最初用于修行而非航海。早期的指南针由经过天然极化的铁矿石（即天然磁石）制成。磁针在8世纪取代了天然磁石，使用时将磁针漂浮于碗里的水中。干罗盘在1300年左右出现在中世纪的欧洲，是作为船用导航工具被发明的。充液手持式指南针直到20世纪早期才被发明出来。填充的液体让磁针能快速停止而不是在磁北极附近来回晃动。现在全球定位系统（GPS）接收器已开始取代指南针。

3秒钟速览

指南针因为提供了可靠的方向而改变了导航方式，使得探索未知的海洋和陆地成为可能。

3分钟扩展

指南针指向磁北极，而它与地理上的北极相距约1600千米。15世纪时，探险家们已经意识到磁北极和地理北极的差异，并在用指南针计算距离时进行了调整。船员们也需要对由铁和电流引起的局部磁场的偏差进行调整，即将补偿磁极放置在指南针下方。

相关主题

全球定位系统（GPS）
56页

3秒钟人物传记

郑和
1371 — 1435
中国航海家，有记录的首位使用指南针协助航海的人，于1405—1433年进行了七次远航

托马斯·沃罗宁
1877 — 1939
芬兰测绘家，于1935年发明了首个个人使用的充液手持式指南针，并获得专利

本文作者

朱迪斯·霍奇

尽管发明了使用GPS的导航设备，指南针仍然被广泛使用，因为后者便宜、耐用且无须用电。

安全自行车

30秒钟历史

在19世纪上半叶，早期的自行车由木头框架、钢车轮和固定齿轮组成，骑起来不舒服。后来制造商们使用较大的前轮来确保人们获得更轻更快的骑行，但骑这种前轮大后轮小的自行车的人主要是那些追求刺激的年轻人。英国发明家约翰·斯塔利于1885年发明了"罗孚自行车"。这种自行车重心较低，大大降低了骑行者越过把手相撞的危险，使得刹车更有效，提高了自行车的普及性。斯塔利的"罗孚自行车"是现代自行车的先驱，其特点是前后两个车轮几乎一样大，框架呈菱形，座椅下方的脚踏板通过链条和齿轮带动后轮，把手则安装在前轮上。这些特点在现在的自行车上都还看得到。约翰·邓洛普于1888年发明自行车充气轮胎，使得自行车在铺有路面的道路上骑行时更加平稳。最开始，骑自行车是一项相对昂贵的爱好，但是自行车的大规模生产让上班族骑车上下班成为一项实用的"投资"。骑自行车的女性数量也在增加，她们的生活发生了巨大的变化。当时灯笼裤取代了裙撑和束身衣，使女性骑自行车时更为方便，这种现象让人们瞠目结舌。

3秒钟速览
安全自行车改变了人们尤其是上班族和女性的出行方式，并成为最重要的个人交通工具。

3分钟扩展
"罗孚自行车"的发明引发了19世纪90年代的"自行车热"，并对女性解放产生了影响。随着自行车改进得更加安全和便宜，更多的女性获得了自行车所带来的个人自由。自行车解放了19世纪晚期的女性，尤其是英、美两国的女性。自行车被女权主义者和女性参政者称为"自由机器"。自行车让女性获得前所未有的自主性，并让她们从限制行动的服装中解脱出来。

相关主题
车轮　24页
充气轮胎　48页

3秒钟人物传记
约翰·邓洛普
1840—1921
苏格兰发明家和兽医，于1888年在贝尔法斯特的家中发明了自行车充气轮胎

约翰·斯塔利
1854—1901
英国发明家，发明了具有革命性的"罗孚自行车"，在此基础上产生了现代自行车的制造技术

本文作者
朱迪斯·霍奇

当"罗孚自行车"取代了早期的自行车后，骑自行车便流行起来。而如今骑自行车又重新流行起来。

充气轮胎

30秒钟历史

3秒钟速览

充气轮胎在道路和车辆之间提供了缓冲。它的发明对自行车和汽车的蓬勃发展起到了关键作用。

3分钟扩展

苏格兰出生的发明家约翰·邓洛普的名字同充气轮胎的发明以及仍在使用他的名字的一家公司关系紧密。邓洛普熟悉橡胶制品的生产，他为他孩子的三轮自行车重新发明并改进了充气轮胎，使其可以用于自行车比赛。在一位自行车手使用他发明的充气轮胎赢得所有比赛后，邓洛普把自己的专利卖给了邓洛普轮胎公司，该公司由爱尔兰自行车手协会主席哈维·杜·克罗斯成立。

充气轮胎最早是由苏格兰发明家威廉·汤姆森发明的。当他于1846年为这项发明申请专利时，年仅23岁。这项专利是一条由印度橡胶制成的中空带状物，中间充满空气，使得轮子与其行驶的地面、铁轨或轨道之间有所缓冲。橡胶层内置于耐磨皮革中，而皮革与车轮则用螺栓连接。1847年3月，汤姆森将充气车轮装在数辆四轮马拉车上，在伦敦的摄政公园进行展示。充气轮胎大大改善了乘客的舒适度和噪声的影响，据说一套车轮可行驶1950千米。但汤姆森的这项发明太超前，当时不仅没有汽车，连自行车也是刚刚出现。缺乏需求和高昂成本意味着在约翰·邓洛普重新发明它之前的三十年间，充气轮胎仅仅是一个新鲜事物。汤姆森还有很多申请了专利的发明，包括第一台道路运输车，它使用蒸汽牵引发动机。汤姆森的印度橡胶轮胎是他的另一项专利，它让重型蒸汽机可以在路面上行驶而不会损伤路面。1870年，"汤姆森蒸汽机"出口至全世界。

相关主题

安全自行车　46页
汽车　52页

3秒钟人物传记

威廉·汤姆森
1822 —1873
苏格兰发明家，于1846年取得了充气轮胎的专利

本文作者

朱迪斯·霍奇

威廉·汤姆森是充气轮胎的发明者，每年六月，人们会在他位于苏格兰斯通黑文的出生地举行汽车游行纪念他。

1867年4月16日
威尔伯出生于美国印第安纳州的米尔维尔

1871年8月19日
奥维尔出生于美国俄亥俄州的戴顿

1889——1892年
创办了数份报刊

1892年
创办了自行车修理和销售店，出售自己设计的自行车

1900年
在基蒂霍克进行了第一次滑翔机试飞

1903年12月17日
威尔伯·莱特在第一次滑翔机飞行中实现了首次可控制的和有动力的持续飞行

1905年
发明并演示了首架实用飞机

1906年
被授予关于飞机控制系统的专利

1908年
在欧洲和北美公开进行了演示。奥维尔飞机失事，受伤严重，其乘客成为第一个死于空难的人

1909年
美国军队购买了他们发明的第一架军用飞机。莱特兄弟开始制造飞机并培训飞行员，他们也成为有钱的商人

1912年3月30日
威尔伯因伤寒在戴顿去世，享年45岁

1915年
奥维尔出售了自己的公司

1948年1月30日
奥维尔在戴顿去世，享年76岁

人物介绍：莱特兄弟

THE WRIGHT BROTHERS

正是童年时期由当牧师的父亲带回家作为玩具的直升机模型点燃了怀特家威尔伯和奥维尔两兄弟终生对机械和航空的兴趣。莱特兄弟一起经营各种事业，包括报纸出版、在家乡俄亥俄州戴顿经营自行车店。他们在"安全自行车"发明后的自行车热潮中受到启发，甚至设计出他们自己的自行车模型。

莱特兄弟研究了奥托·李林塔尔等早期飞行员在滑翔机事故中丧生的原因。兄弟俩在以鸟类飞行为基础的"机翼扭曲"（他们后来持有专利的用滑轮和缆绳控制固定翼飞行器的系统）实验中，在位于北卡罗来纳州以强风著称的基蒂霍克建造并测试了他们的飞行器。就在这里，1903年12月17日，兄弟俩用一架有动力的飞机进行了首次可控制的持续飞行。威尔伯驾驶兄弟俩的"飞行者一号"飞行了59秒，飞行高度为260米。这次飞行的场景成为著名的照片"首次飞行"。

这个成就并未立刻给莱特兄弟带来名誉和财富。相反，这件事情在美国国内和国外都受到了极大的质疑。法国媒体污蔑兄弟俩为"吹牛皮的骗子"。接下来的两年里，兄弟俩发明了第一架实用的固定翼飞机，并于1905年进行了演示。尽管莱特兄弟并不是第一个进行飞机实验的人，但他们发明了让飞行成为可能的控制系统，并于1906年获得了该发明的专利。

由于无法为他们的发明找到市场，威尔伯来到欧洲。在这里的公开演示过程中，他用飞机的性能和自己作为飞行员所拥有的技巧，用飞行轨迹在空中画出了数字"8"的图案，让参观者叹为观止。回到美国后，奥维尔因在进行类似演示的过程中出现了事故而严重受伤，而他的乘客托马斯·塞尔福里奇则身亡。受到事故惊吓的威尔伯则强忍悲痛，竭尽全力创造了飞行高度和时长的新纪录。

莱特兄弟后来成为非常知名的人物，受到皇室、国家元首以及富商的优待，这些富商在欧洲和美国销售莱特兄弟的飞机。威尔伯于1912年去世，奥维尔则于1915年将自己的公司出售。失去兄长的奥维尔于1944年进行了自己的最后一次飞行，而此时飞机的翼展长度比1903年首次飞行时的机身长度还要长。

朱迪斯·霍奇

汽车

30秒钟历史

卡尔·弗里特立奇·本茨通常被认为是发明了现代内燃机动力汽车的人。在本茨的妻子贝瑞塔从曼海姆到普福尔茨海姆用"没有马的马车"进行了第一次成功的往返旅行后，本茨持有专利的汽车便于1886年投产。紧随其后的有德国发明家戈特利布·戴姆勒和威廉·迈巴赫。他们于1889年从零开始发明了第一辆汽车，没有采用发动机加马拉式车厢的方式。在此之前，早期自行驱动车辆有1769年尼古拉斯·约瑟夫·库诺用于法国军队的蒸汽动力牵引机和1832—1839年罗伯特·安德森的电动四轮马车。英国1865—1896年施行的机动车法案要求在公共道路上行驶的自行驱动车辆前方必须有手摇红旗的人，这使得汽车的发展被遏制了，英国发明家们的关注点从而放在了铁路交通上。英国在20世纪初迅速地接纳了汽车。亨利·福特的量产技术促使1908年第一辆价格为公众所接受的汽车问世，其型号为"Model T"。到了20世纪30年代，如今大多数用于汽车的机械技术都已被发明，尽管有些技术是之后被重新发明的。未来的汽车发明则聚焦于能源效率、替代能源和自动驾驶系统。

3秒钟速览
所谓的"汽车时代"在美国彻底改变了人们的生活、工作和娱乐的方式，并推动了巨大的社会和经济变革。

3分钟扩展
第一辆电动汽车是1888年由德国发明家安德烈亚斯·弗洛肯发明的弗洛肯电动汽车。电动汽车在20世纪初流行起来，但燃油汽车的优势是用途更广且加油更快，福特公司对于燃油汽车的大规模生产使得燃油汽车的价格仅为电动汽车的一半，这就使得电动汽车进入了颓势。但目前人们对于碳排放和燃料资源减少的担心重新引起人们对混合动力汽车和电动汽车的兴趣。

3秒钟人物传记
尼古拉斯·约瑟夫·库诺
1725—1804
法国发明家，发明了首台自行驱动汽车，即一辆蒸汽动力的军用牵引机

卡尔·弗里特立奇·本茨
1844—1929
德国发明家，发明了第一辆燃油汽车

本文作者
朱迪斯·霍奇

福特被认为是制造了第一辆让人们可以独立出行的汽车"Model T"的人。这个型号的汽车被人们亲切地称为"轻快小汽车"。

直升机

30秒钟历史

3秒钟速览
直升机的发明改变了飞行方式。直升机独特的设计让它能垂直升空，并能在一个固定的位置盘旋。

3分钟扩展
直升机几乎是自发明出来便立刻投入军事用途。西科斯基的R-4型直升机是唯一一架在第二次世界大战中使用的直升机，被用于救援受困在飞机无法到达区域里的人们。但朝鲜和越南崎岖的地形才让军用直升机的使用变得频繁起来。其进一步的改造使得直升机成为现代战争的支柱。

文艺复兴时期的艺术家和发明家莱昂纳多·达·芬奇构想了最早的直升机。他受到鸟类飞行和漂浮的枫树种子的启发，绘制了直升机的设计图，即一个螺旋状的飞行器。但现代的直升机直到有了空气动力理论、结构材料和发动机的进步才能离开地面起飞。埃格·西科斯基的首架直升机制造于1909年，由木材制成，发动机只有25马力。三十年后，他成功地发明了VS-300型直升机，后来成为所有现代单旋翼直升机的先驱。直升机的发明发端于一个简单的想法，即不受限制地水平或垂直飞行，或在半空中悬停。不同于固定翼飞机，直升机有旋转的机翼，可以垂直起飞和降落。它还能在特定位置盘旋。这种特性使得直升机在空间受限时、或需在某一区域精确停留时成为理想的飞行器。这意味着能将直升机用于救援、救火、航拍和航摄，进入遥远方位开展环境或救援工作，并将物资和人员送到遥远的石油钻塔，尽管直升机最初发明时仅用于军事和情报领域。

相关主题
人物介绍：莱特兄弟
51页

3秒钟人物传记
莱昂纳多·达·芬奇
1452—1519
意大利的"文艺复兴者"，天才艺术家、数学家、科学家、设计师和发明家

埃格·西科斯基
1889—1972
俄罗斯裔美国籍设计师，设计了飞机、飞船和首架实用的直升机

本文作者
朱迪斯·霍奇

尽管有其他工程师也对直升机的构想和发明做出了贡献，但西科斯基的名字仍是直升机的代名词。

全球定位系统（GPS）

30秒钟历史

相关主题
指南针　44页

全球定位系统（GPS）最初用于军事和情报用途。美国政府在20世纪60年代开发GPS，用于追踪携带核导弹的核潜艇。科学家发现可通过测量卫星发出的无线电信号的频率从地面上追踪该卫星，也就是所谓的"多普勒效应"。GPS用围绕地球旋转的卫星网络，向GPS接收器发射携带时间代码和地理数据的信号。这项发明改变了导航方式，原因是GPS可以在所有气象条件下以米为单位计算地理方位，并且独立于电话或网络的接收而运行。但直到1983年苏联击落了一架闯入受限空域的韩国客机，美国政府才开始开放民用GPS系统，这样飞机、轮船和运输工具可以精确地确定其位置。美国政府维护该系统，让其可被自由访问，但它可以选择性地拒绝对GPS的访问，例如1999年克什米尔对峙期间拒绝印度军方访问该系统。如今，GPS除导航以外还有很多的用途，如制图、地震研究、气候调查等。

3秒钟人物传记
罗格·李·伊斯顿
1921—2014
美国科学家和物理学家，作为主要发明者和设计师，同伊凡·盖廷和布拉德福德·帕金森共同发明了GPS

本文作者
朱迪斯·霍奇

3秒钟速览
自20世纪40年代出现无线电导航以来，GPS是导航领域最重要的发展成果。

3分钟扩展
由于GPS可能被美国政府拒绝访问及监控，因此有其他处于使用或研发中的替代系统，包括俄罗斯的全球导航卫星系统（GLONASS），该系统可添加至GPS设备中，增加可以使用的卫星数量，并让位置精确度达到2米以内。其他系统则包括欧洲规划的欧盟伽利略定位系统、中国的北斗导航卫星系统和印度的印度区域导航卫星系统（IRNSS）。

GPS接收器已经小到仅由几个集成电路组成。它目前用于车辆、飞机和轮船以及便携式计算机中。

医药和健康

医药和健康
术语

肾上腺素　由人体分泌出的一种激素。当人经历某些刺激分泌出这种化学物质，能让人呼吸加快，心跳与血液流动加速，瞳孔放大，为身体活动提供更多能量，使反应更加快速。

炭疽热　由炭疽杆菌所致，一种人畜共患的急性传染病。人因接触病畜及其产品或食用病畜的肉类而发生感染。

耐药性　指微生物、寄生虫以及肿瘤细胞对于化疗药物作用的耐受性，耐药性一旦产生，药物的作用就会明显下降。

细菌　指生物的主要类群之一，属于细菌域，也是所有生物中数量最多的一类。

"咬子弹"　让战士们咬着子弹，帮助他们忍受痛苦。是忍受不可避免的痛苦或困难的一种形象的比喻。

布尔战争　英国人和南非布尔人之间的冲突。第一次布尔战争（1880—1881年）中布尔人反抗1877年英国将德兰士瓦纳入版图。第二次布尔战争（1899—1902年），则是英国同奥兰治自由邦和德兰士瓦共和国之间的战争。

水痘　是由水痘（带状疱疹病毒）初次感染引起的急性传染病。主要发生在婴幼儿和学龄前儿童，成人发病症状比儿童更严重。

三氯甲烷　一种有机化合物，为无色透明液体，有特殊气味，对光敏感，遇光照会与空气中的氧作用，逐渐分解而生成剧毒的光气（碳酰氯）和氯化氢。

牛痘　发生在牛身上的一种传染病，是由牛的天花病毒引起的急性感染，该病毒可通过接触传染给人类。

糖尿病　一种以高血糖为特征的代谢性疾病。高血糖则是由于胰岛素分泌缺陷或其生物作用受损，或两者兼有引起。

吸附百日咳白喉破伤风联合疫苗　儿童接种该疫苗后，可使机体产生免疫应答。用于预防百日咳、白喉、破伤风。

电磁辐射　是由同向振荡且互相垂直的电场与磁场在空间中以波的形式传递动量和能量，其传播方向垂直于电场与磁场构成的平面。

乙醚 一种有机物，外观为无色透明液体，极易挥发，主要用作优良溶剂。毛纺、棉纺工业用作油污洁净剂，火药工业用于制造无烟火药，医学用作麻醉剂。

肝炎 肝脏炎症的统称。通常是指由多种致病因素，如病毒、细菌、寄生虫、化学毒物、药物、酒精、自身免疫因素等使肝脏细胞受到破坏，肝脏的功能受到损害，引起身体一系列不适症状，以及肝功能指标的异常。

HIV 人类免疫缺陷病毒，即艾滋病病毒，是造成人类免疫系统缺陷的一种病毒。

疟疾 经蚊虫叮咬或输入带疟原虫者的血液而感染疟原虫所引起的虫媒传染病。

脑膜炎 指软脑膜的弥漫性炎症性改变。由细菌、病毒、真菌、螺旋体、原虫、立克次体、肿瘤与白血病等各种生物性致病因子侵犯软脑膜和脊髓膜引起。

一氧化二氮 一种无机物，危险化学品，呈无色有甜味气体，在一定条件下能支持燃烧，但在室温下稳定，有轻微麻醉作用，并能致人发笑。

狂犬病 狂犬病毒所致的急性传染病，人兽共患，多见于犬、狼、猫等食肉动物，人多因被病兽咬伤而感染。

链球菌 化脓性球菌的另一类常见的细菌，广泛存在于自然界和动物粪便及健康人类的鼻咽部，大多数不致病。

硫汞撒 含汞防腐剂，阻止细菌或真菌的生长。出于安全方面的考虑，不再用于婴幼儿和幼童疫苗。

肺结核 由细菌导致的感染性疾病，病症是肺部结节生长。可被治疗，但抗药性肺结核病种正在增加。

疫苗

30秒钟历史

3秒钟速览
疫苗已经可以根治天花等疾病，但根治疟疾和艾滋病等其他疾病的疫苗还有待研发。

3分钟扩展
1977年索马里报告了最后一例自然出现的天花病例后，世界卫生组织于1956年发起的天花疫苗接种运动于20世纪80年代被宣布是有效的。脊髓灰质炎等病毒对疫苗的抵制能力则更强。对于白喉、破伤风和百日咳疫苗以及麻疹、流行性腮腺炎和风疹疫苗的安全性和有效性仍然存在着争论。对含汞防腐剂硫汞撒的使用也存在争议。

疫苗常被描述为公共卫生领域最伟大的成就之一。据估计，疫苗的大范围接种将五类"杀手型"疾病的致死率降低了99%，这五类疾病分别是天花、白喉、麻疹、脊髓灰质炎和风疹。几个世纪以来，天花对于人类都是不寻常的灾难。一种被称为天花疫苗的治疗形式早在900年的时候就在中国和印度使用了，即在健康人皮肤下或鼻腔中注入牛痘脓疱产生的粉状痂。一位叫作爱德华·詹纳的英国医生被认为是首位"现代"天花疫苗的发明者。詹纳医生发现，感染毒性较低的牛痘的人似乎对天花有了免疫。1796年，他对八岁的詹姆斯·菲普斯进行了著名的实验：将牛痘脓疱中的脓液注入这个孩子的胳膊。注射过疫苗的詹姆斯和其他孩子都没有得天花。詹纳从牛的拉丁文vacca发明了疫苗的英文vaccine。尽管医学界和宗教界都反对疫苗，但疫苗在欧洲和美国都得到了广泛的应用，并得以进一步发展用于预防其它疾病。路易斯·巴斯德在19世纪发明了炭疽病和狂犬病疫苗，使用的是"被杀死的"而非"活的"病原体。

相关主题
抗生素　66页
显微镜　68页
人物介绍：路易斯·巴斯德　71页

3秒钟人物传记
爱德华·詹纳
1749—1823
英国医生，发明了首类用于天花的"现代"疫苗

路易斯·巴斯德
1822—1895
法国微生物学家，因发明疫苗和巴氏杀菌法而闻名

莫里斯·希勒曼
1919—2005
美国微生物学家和最具影响力的疫苗学家

本文作者
朱迪斯·霍奇

自20世纪20年代以来疫苗变得越来越常见。很多现在得到许可的疫苗都是由希勒曼发明的。

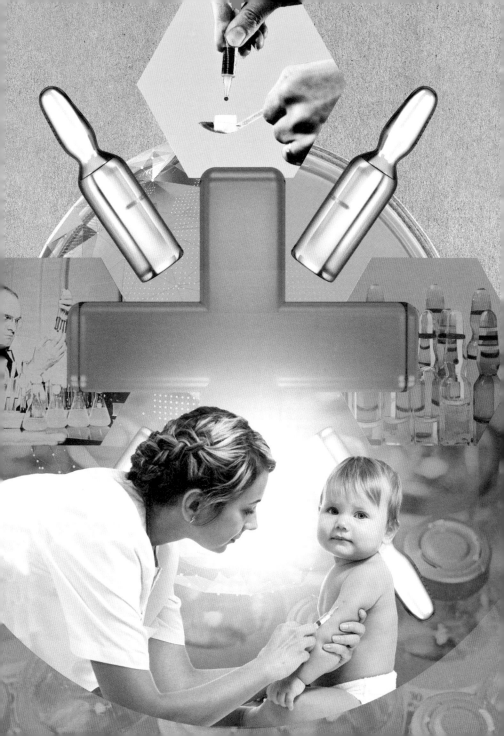

麻醉剂

30秒钟历史

3秒钟速览

麻醉剂可以暂时缓解疼痛，这样医生就能快速进行手术，避免病人因疼痛导致休克而死。

3分钟扩展

现代化学的进步导致了局部麻醉剂的出现。早期的麻醉剂中，只有一氧化二氮（笑气）至今仍被广泛使用。极易燃烧且会引起过度呕吐的乙醚和药理上危险的氯仿都被更加安全的全身麻醉剂替代了。现在的麻醉操作会针对特定病人的手术方案，专门制定一种或多种麻醉药物，尽管仍然存在心脏病或肺栓塞等重大风险。

如何有效地抑制疼痛，尤其是外科手术中的疼痛，这个问题用了几个世纪的时间才得以解决。酒精混合物曾作为早期的麻醉剂，含有刺激性化学物质的植物亦是如此。1846年人类在此领域取得了突破。这一年美国牙科医生威廉·莫顿在马萨诸塞州总医院让一位病人当着医生和学生的面吸入浸泡过乙醚的海绵产生的烟雾。当病人使用麻醉剂后，外科医生约翰·斯诺从该病人的脖子处切除了一个肿瘤。据说病人醒来后表示："就好像脖子被划伤了一样"。在此之前，手术过程是快速而且非常残忍的，手术中完全清醒的病人必须"咬子弹"，这毫不夸张。尽管人们大约三百年前就已经发现乙醚，但还没有人想过将它用作麻醉剂，而是将它用作一种聚会时的娱乐性药物。莫顿麻醉成功的消息很快就传开了，欧洲德高望重的外科医生们在大量手术中也开始使用乙醚。很明显麻醉剂让病人的手术体验更好，也让外科医生有更多的时间进行手术，这也反过来促进了外科医学技术的发展。后来，乙醚被更安全可靠的药物所取代。

相关主题

疫苗　62页
抗生素　66页

3秒钟人物传记

威廉·莫顿
1819—1868
美国牙医，于1846年首次使用乙醚作为外科麻醉剂

约翰·斯诺
1813—1858
英国外科医生，1853年通过用氯仿麻醉生产第八个孩子（利奥波德王子）的维多利亚女王而推广了产科麻醉技术

本文作者

朱迪斯·霍奇

自早期实践者莫顿和斯诺等人的实验以后，麻醉学已经发展成为非常需要技巧的医学实践。

抗生素

30秒钟历史

3秒钟速览
抗生素的出现开辟了
传染性疾病治疗的新
纪元,这意味着人们
不再因常见的感染而
死亡。

3分钟扩展
抗生素有效且易于获
得的特性使得它们被
滥用,尤其是作为动
物的生长促进剂。微
生物的耐药性引起了
"超级病菌",抗生
素不再对它有效,这
种病菌出现在肺结核
中,也越来越多地出
现在艾滋病和疟疾
中。2014年,世界
卫生组织将耐药性归
类为世界各地的"严
重威胁"。研究人员
正对抗生素的替代物
进行研究,包括掠食
性细菌和金属。

抗生素让20世纪的医学发生了巨变。1935年之前,人们常死于轻微割伤和刮擦的感染。发现于1928年的青霉素常被引述为第一种抗生素,但含硫药物在十年前就被用于治疗细菌感染。在德国科学家格哈德·多马克开始向老鼠注射致命剂量的链球菌对磺胺进行测试之前,这种亮橙色或亮红色的化合物是作为工业颜料使用的。被喂食磺胺的老鼠存活下来了。多马克最重要的实验发生在1935年,当时他年幼的女儿感染了链球菌。尽管在人身上有过微量试用磺胺的实验,多马克还是做出了最绝望的决定,让女儿大量口服磺胺。两天后,女儿奇迹般地痊愈了。多马克因该发现获得1939年诺贝尔奖,但青霉素仍然是世界上最著名的抗生素。苏格兰生物学家亚历山大·弗莱明注意到用来培养葡萄球菌的盘子会发霉,但在葡萄球菌周围一圈形成了无菌环。但他需要开展更多的工作将青霉素开发成一种可以大量生产的药物。青霉素被广泛用于治疗感染和梅毒等疾病,因此在第二次世界大战中有着很大的需求量。

相关主题
疫苗　62页
麻醉剂　64页

3秒钟人物传记
亚历山大·弗莱明
1881—1955
苏格兰生物学家,其偶然发现的青霉素被广泛认为是现代抗生素的开端

格哈德·多马克
1895—1964
德国细菌学家,发明了最早的商用抗生素

本文作者
朱迪斯·霍奇

抗生素被誉为"神药"。但20世纪60年代以后只有少数新品种的抗生素被制造出来。弗莱明本人则警告不要滥用青霉素。

显微镜

30秒钟历史

荷兰科学家安东尼·冯·列文虎克被认为是世界上首位制造并使用显微镜的人。在列文虎克于17世纪末发明显微镜之前，古罗马人、古希腊人和古代中国人已经使用棱镜来进行放大。16世纪90年代，两位来自詹森斯家族的荷兰眼镜制造商将数个棱镜放置在一个管道里，发现单个棱镜放大的影像可被再次或多次放大。用这样的"组合"显微镜，英国科学家罗伯特·胡克观察到了跳蚤身上的毛发，并印制在自己1665年出版的图书《显微制图》中。他还在软木塞薄片中发现了气孔，将它们称为植物的"单人小房间"（细胞），因为这让他想起修道院中的单人小房间。列文虎克发明了研磨透镜的新方法以提升显微镜的光学性能，因而在显微镜的研发中取得了更大的成就。他发明的显微镜放大率高达200倍，而那时其他显微镜的放大率仅有20—30倍。他的手持显微镜使用固定在金属手柄上的单凸透镜，并用螺丝聚焦。1674年在一次著名的实验中，他在一滴湖水中观察到了过去未曾见过的生命。列文虎克还是第一个描述细菌、酵母和毛细血管中血细胞循环的人。

相关主题

光学透镜　72页
X射线　74页

3秒钟人物传记

撒迦利亚·詹森
约1580—1638
荷兰眼镜制造商，与父亲汉斯一起发明了第一台显微镜

安东尼·冯·列文虎克
1632—1723
荷兰布商和科学家，"显微镜之父"

恩斯特·鲁斯卡
1906—1988
德国物理学家，因发明电子显微镜和其他电子光学方面的成就获得1986年的诺贝尔奖

本文作者

朱迪斯·霍奇

3秒钟速览

在显微镜发明以前，人们尚未意识到生物是由肉眼看不见的微小细胞组成的。

3分钟扩展

光学显微镜只能聚焦于大小不小于光的波长的物体。1931年马克斯·克诺尔和恩斯特·鲁斯卡打破了可见光的限制，用电子束透过样品而非使用光束，从而发明了电子显微镜。鲁斯卡的原理仍然是现代电子显微镜的基础。电子显微镜的放大率可达两百万倍。

17世纪中期显微镜取得了巨大进步。在此之后两百年内显微镜未发生改变。

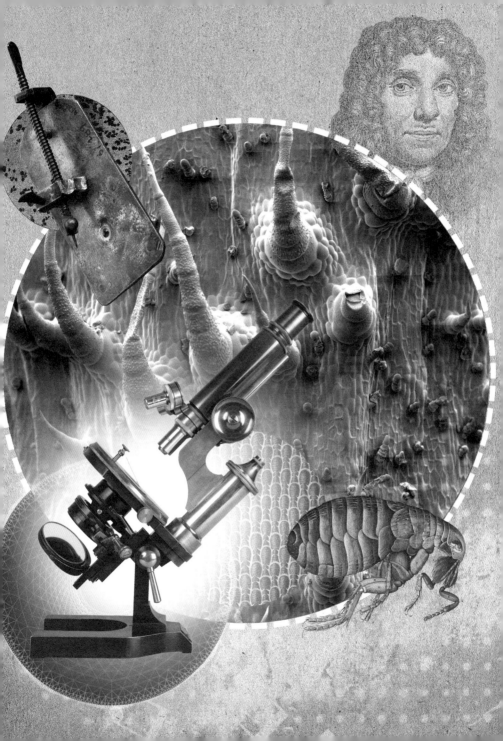

1822年12月27日
出生于阿尔布瓦，是穷困的制革工人让·约瑟夫·巴斯德和珍妮·埃蒂安娜·罗基夫妇的第三个孩子

1848年
斯特拉斯堡大学化学家，发现同分异构现象

1849年5月29日
与玛丽·劳伦特结为夫妻，共生育五个子女，但只有两个活到成年

1859年
通过发酵实验，提出颇具争议性的"胚种学说"

1862年
因否定"自然发生说"而获奖。发明巴氏灭菌法

1865—1867年
因发现破坏蚕卵的微生物而拯救了欧洲丝绸业

1868年
患有中风，时年45岁

1879年
研究鸡霍乱和人造疫苗

1881年
发明了炭疽病疫苗

1885年7月6日
为9岁男童约瑟夫·梅斯特接种狂犬病疫苗

1887年
建立巴斯德研究所，担任负责人

1895年9月28日
因再次中风去世

人物介绍：路易斯·巴斯德

LOUIS PASTEUR

相比科学，孩提时的路易斯·巴斯德在绘画方面表现出更多的兴趣。他作为斯特拉斯堡大学的化学家取得的第一项发现就是几乎所有相同的分子都以镜像模式存在。这对于以巴斯德为开创者的微生物学和药物研发来说具有重大的意义。

1849年，他同玛丽·劳伦特结婚，劳伦特在所有科学实验中协助他。他们五个孩子中只有两个活到成年，其他的都死于伤寒。巴斯德曾写道：这样的人生悲剧促使他为传染病寻找治疗之法。

巴斯德在微生物领域取得了重大突破，提出了具有争议的"细菌理论"。1862年，法国科学院拿出2500法郎，给任何证实或推翻"自然发生说"的人作为奖励。在巴斯德最为著名的实验中，他证明食物被空气中的微生物污染，但可通过加热灭菌。当该理论投入应用时，他也因该发现名声大噪。

那时法国的葡萄酒行业因运输中酒瓶受损而遭受巨大损失。巴斯德将巴氏灭菌法应用于该案例中，迅速将葡萄酒加热至55℃（131℉），在不影响葡萄酒品质的情况下杀灭了微生物。该方法还被应用于诸如牛奶和啤酒等其他农产品和酿造产品中。饮料污染让巴斯德意识到动物和人体中的微生物可能也会引发疾病。他的研究启发了英国外科医生约瑟夫·李斯特，后者发明了外科手术中的灭菌方法。

尽管巴斯德不是生物学家，但他还是接受了让欧洲丝绸业免受未知病害重创的挑战。1868年，巴斯德发现有两种而非一种微生物攻击了蚕卵，而对育蚕场所进行消毒可解决该问题。

巴斯德在45岁时患上中风，原因可能是过度劳累，于是一个移动的实验室便建在了他的床边。他在爱德华·詹纳早期工作的基础上，通过对鸡霍乱的研究，发明了针对狂犬病和炭疽病的疫苗。但近来对巴斯德笔记本的研究发现，巴斯德可能夸大了自己的研究进度。他秘密地使用了兽医让·图森的方法来制备炭疽病疫苗。巴斯德为一个被感染狂犬病的狗咬伤的男孩注射狂犬病疫苗是该疫苗第一次在人体的实验，实验结果非常成功，但他夸大了之前在动物身上进行的实验次数。

1887年巴斯德成立了以自己名字命名的研究所。尽管他取得了很多成就，但他最为人所熟知的成就仍是以他名字命名的巴氏灭菌法。

朱迪斯·霍奇

光学透镜

30秒钟历史

3秒钟速览

光学透镜的发明使人类能够应对眼睛的自然衰老，从而大大延长了社会生产力。

3分钟扩展

诸如眼镜、显微镜和望远镜等新型光学仪器对16世纪和17世纪的人类社会有着非常大的影响。经伽利略·伽利雷改进后的望远镜让他能看见月球上的陨石坑以及围绕木星运行的四颗卫星。利用这个"地面望远镜"，伽利略提出了地球绕太阳运动的理论，该理论在那个时期被认为是异端邪说。

最早的透镜可追溯至前700年，是打磨过的岩石晶体。据说古罗马皇帝尼禄曾用祖母绿做的透镜观看格斗。两位早期的阿拉伯科学家改变了人们对光和视觉的理解。伊本·海赛姆曾是第一个正确描述透镜折射光线的方式及眼睛运作原理的人，而之前的人们认为光线是由眼睛发出的，而非由物体反射的。伊本·海赛姆曾在其著作《光学》中谈到了凸透镜和放大镜的作用。这本书于12世纪被译成拉丁文，促使天主教方济各会修士罗杰·培根推荐使用放大镜帮助人们阅读。到了13世纪，威尼斯和佛罗伦萨成为研磨光学透镜的产业的中心。13世纪80年代末，两只眼睛均使用透镜的可佩带的眼镜在意大利被发明出来。文学在14世纪并不普及，但印刷技术的出现导致书籍和小册子数量大幅增加，相应的对眼镜的需求也增加了。1608年，荷兰眼镜制造商对光学透镜的进一步改进促进了显微镜和折射望远镜的出现。

相关主题

显微镜　　68页
印刷机　　86页

3秒钟人物传记

伊本·海赛姆
约965—1040
阿拉伯科学家，是具有影响力的著作《光学》的作者

罗杰·培根
约1214—1294
英国天主教方济各会修士和哲学家，他对透镜和镜子的光学特性的研究让他遭受使用"巫术"的罪名

伽利略·伽利雷
1564—1642
意大利天文学家、物理学家，发明了伽利略望远镜并绘制了夜晚的天空

本文作者

朱迪斯·霍奇

可佩带的、带有光学透镜的眼镜最早于1284年出现在意大利，取代了将玻璃球切成两半而制成的"阅读石"。

X射线

30秒钟历史

3秒钟速览

伦琴偶然发现的X射线，让人们不动用手术刀就能看见人体内部，从而改变了医学技术。

3分钟扩展

X射线广泛而不受限制地使用会对人体产生严重的伤害，照过X射线的人或者操作早期的X射线机的人都遭受了辐射灼伤、头发脱落和器官损伤。早期的X射线辐射量比现在高1500倍。人们认识到频繁照X射线可能有害，现在会采取特别措施保护病人和医生。高辐射量的X射线可以用来治疗癌症。

1895年发现X射线意味着实现了在不动手术刀的情况下看到人体内部的结构。德国物理学家威廉·伦琴在研究电流通过低压气体的影响时，发现电磁辐射能穿透大多数物体，他将这些射线命名为X射线（X代表未知），然后将一张能看清他妻子手部骨头和婚戒的影像发给了同事们。这项发现几乎在一夜之间改变了医学界。一年内，第一个放射科就在格拉斯哥皇家内外科医学院开始营业，于是就有了最早的肾结石影像和孩子喉咙里硬币的影像。不久之后，X射线被用来观察食物在消化系统中的路径。伦琴的这项发明在布尔战争和第一次世界大战中用于寻找受伤士兵骨折的位置和嵌入的子弹。公众为这项新技术感到激动，X射线就像是不可思议的奇妙事情。现在，X射线在医学界得到了广泛的应用，用于分析体内骨骼、牙齿和器官的问题。它还被用在工业领域，如探测金属的裂纹以及机场安全检查。

3秒钟人物传记

威廉·伦琴
1845—1923
德国物理学家，因发现X射线在1901年获得他的首个诺贝尔奖，这项发明如今仍用于全世界的医院里

本文作者

朱迪斯·霍奇

X射线也被用于其他科学门类，如罗莎琳德·富兰克林用X射线发现了DNA结构的晶体学，以及利用X射线生成极微小物体的影像的显微镜分析。

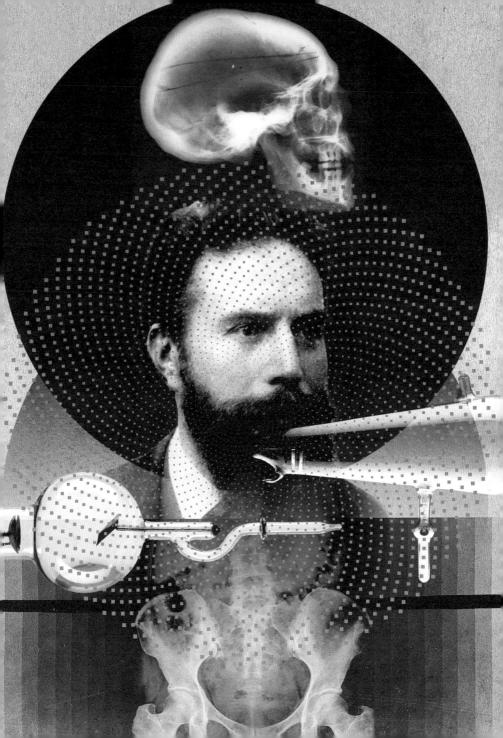

避孕药

30秒钟历史

避孕药摆脱不了与性解放、"摇摆的60年代"和女性解放的联系。它是在20世纪50年代由美国生物学家格雷戈里·平卡斯和约翰·洛克发明的。大概很少有发明能像避孕药一样,对改变女性的生活方面有如此大的社会影响,尽管避孕药历经坎坷才被广泛使用。在纽约的一个餐会上,妇女节育运动先驱玛格丽特·桑格尔劝说平卡斯研发混合雌激素和黄体酮的避孕药。1956年,在波多黎各举行的大规模临床试验表明该药物有效率为100%,但一些严重的副作用却被忽略了。次年美国食品药品监督管理局(FDA)批准了该药物的使用,但仅允许用于严重的月经紊乱,当时有多数女性表示患有严重的月经紊乱。当20世纪60年代避孕药被批准用于避孕时,其使用量迅速增长,五年内就成为美国最受欢迎的避孕方式,被650万美国女性使用。避孕药于1961年被引入英国国家健康体系,但仅用于已婚女性,这种状况一直持续到1967年。目前英国有350万16岁至49岁的女性使用避孕药,在全球目前则有1亿女性使用该药物。

3秒钟速览
避孕药是20世纪最重要的医学进步之一,因为它改变了人们看待性关系的角度。

3分钟扩展
从避孕药被发明起,人们对其在健康方面的担忧从未消除。各种报道将使用避孕药同血栓、中风、心脏病和糖尿病联系起来。20世纪80年代的研究表明,避孕药同乳腺癌有关,使得使用避孕药的人数减少。人们的一些担忧与避孕药中的激素水平有关,但目前其激素水平已经降低了。另一方面,避孕药已被证实对乳腺癌和骨盆炎症有预防作用。

相关主题
疫苗　62页
抗生素　66页

3秒钟人物传记
玛格丽特·桑格尔
1879 — 1966
美国妇女节育运动先驱,开设了美国第一家节育诊所,组建了美国计划生育协会,支持避孕药的研发

约翰·洛克
1890 — 1984

格雷戈里·平卡斯
1903 — 1967
美国人,共同发明了避孕药

卡尔·杰拉西
1923 — 2015
保加利亚裔美国化学家,1951年用化学方式通过合成墨西哥薯蓣制成避孕药,但不能成批制造或销售该药物

本文作者
朱迪斯·霍奇

这是第一个改变妇女生活方式的药物,它让女性能自己控制生育。

起搏器

30秒钟历史

起搏器是释放电脉冲让心脏能以正常速度跳动的设备，它的发明拯救了许多生命。在起搏器出现前，只有两种方式挽救心率异常或心跳停止的人，即机械刺激心脏或通过胸壁注射肾上腺激素一类的药物，然而这两种方式都不可靠。早期的起搏器是大小如同电视机的外部机器，使用时发出电脉冲。阿尔伯特·海曼于1932年发明的起搏器是用手摇马达驱动的。老百姓认为起搏器的"起死回生"功效违背了自然规律，这个观念可能阻碍了起搏器的研究工作，影响一直持续到20世纪50年代。1958年，阿恩·拉尔森成为首个接受起搏器植入的人，他的起搏器通过电极与心脏的肌肉组织连接。这个设备由瑞典医生和发明家卢恩·爱克姆设计，心脏外科医生阿克·森宁紧密配合。这名病人在其一生中持续接受了26次不同的起搏器植入，在86岁时去世，比起搏器的发明家和外科医生活得都久。接下来的重要进展便是解决早期起搏器电池供电时间短的问题。1971年，威尔森·格雷特巴奇发明了供电时间长的锂碘电池，成为后来起搏器制造的标准。

3秒钟人物传记

阿尔伯特·海曼
1893—1972
美国心脏病专家，与兄弟查尔斯一起制造了最早的"人工起搏器"中的一种。他是最早使用"起搏器"这一术语的人。

卢恩·爱克姆
1906—1996
瑞典医生、工程师和发明家，设计了最早的植入式心脏起搏器

威尔森·格雷特巴奇
1919—2011
美国工程师和发明家，拥有350项专利，包括用作起搏器标准电池的锂碘电池

本文作者

朱迪斯·霍奇

3秒钟速览
起搏器可以使用电脉冲调节心脏的跳动，它的出现拯救了成千上万的生命。

3分钟扩展
现代的起搏器有为每个病人定制的外部程序，这样心脏病专家就能选择最佳起搏模式。起搏器还可在单个可移植设备中装有除颤器。有些起搏器则有多个电极，刺激心脏不同的位置以提高心脏的跳动频率。最新的起搏器是一种直接植入心脏的仅有谷粒大小的无线装置。

到了20世纪80年代中期，起搏器的大小就只有一枚硬币那么大，通常被植入心脏病患者的体内。

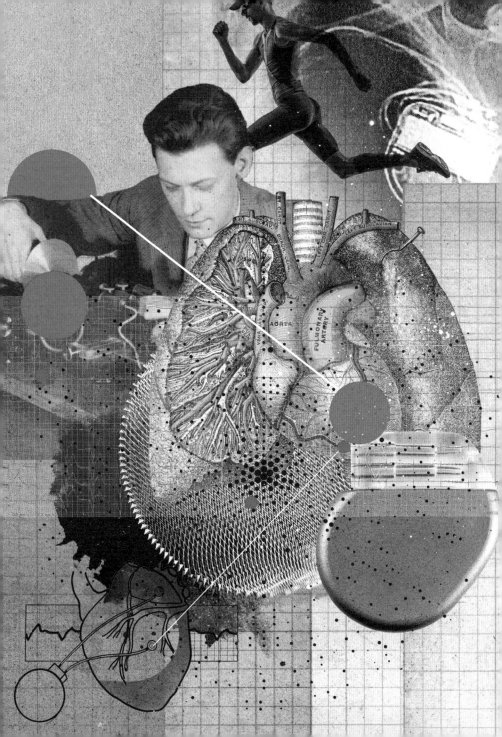

通信

通信
术语

元音附标文字 是一类以辅音字母为主体、元音以附加符号形式标出的表音文字。

交流发电机 恩斯特·亚历山德森于1904年发明的旋转电机，用于传输调幅广播的无线电波。交流发电机让广播演讲成为可能。

分析机 是由英国数学家查尔斯·巴贝奇设计的一种机械式通用计算机。分析机由蒸汽机驱动，使用打孔纸带输入，采取最普通的十进制计数。

三极管 全称为半导体三极管，是一种控制电流的半导体器件。其作用是把微弱信号放大成幅度值较大的电信号，也用作无触点开关。

二进制 是在数学和数字电路中以2为基数的记数系统，以2为基数代表系统的二进位制。这一系统中，通常用两个不同的符号0（代表零）和1（代表一）来表示。

布尔逻辑 由数学家和计算机先驱乔治·布尔发明，布尔逻辑在电子学、计算机硬件和软件中有广泛的应用。

阴极射线 从低压气体放电管阴极发出的电子在电场加速下形成的电子流。阴极可以是冷的也可以是热的，电子通过外加电场的场致发射、残存气体中正离子的轰击或热电子发射过程从阴极射出。

粉末检波器 无线电检波器的早期形式，由填充有松散的金属屑的玻璃管组成。金属屑的整体电阻在无线电波存在时会下降。粉末检波器的发明者的身份仍有争议。马可尼于1901年取得此项专利，但可能源自贾格迪什·钱德拉·博斯的方案。

巨人计算机 第一台可编程的计算机，由英国工程师汤米·弗劳尔斯设计，于1943年制成。第二次世界大战中英国使用该计算机破解了部分德国军事通信密码。

活字版盘 印刷前放置组装好的活字的工具。

象形文字 是由图画文字演化而来的，是一种最古老的字体，属于表意文字。

超文本标记语言（HTML） 是一种标记语言。它包括一系列标签，通过这些标签可以将网络上的文档格式统一，使分散的因特网资源连接为一个逻辑整体。

超文本传输协议（HTTP） 是一个简单的请求-响应协议，通常运行在TCP之上。超文本传输协议指客户端可能发送给服务器什么样的消息以及得到什么样的响应。

显像管 是一种电子射线管，是电视接收机、监视器重现图像的关键器件。它的主要作用是将发送端摄像机摄取转换的电信号在接收端以亮度变化的形式重现在荧光屏上。

速调管 是利用周期性调制电子注速度来实现振荡或放大的一种微波电子管。

机械电视机 苏格兰的约翰·贝尔德首次示范了能以无线电播放电影的机器。然而，仅仅过了九年，机械电视机就被淘汰了，取而代之的是新产品：电子扫描电视机。

摩尔斯电码 是一种时通时断的信号代码，通过不同的排列顺序来表达不同的英文字母、数字和标点符号。

活字印刷机 使用独立、可重复使用的金属制成的字母印刷的技术。

析像管 是一种电视摄像管，可作为光谱多道检测器。由光阴极、电子光学部分和电子倍增器组成。

操作系统 是管理计算机硬件与软件资源的计算机程序。

音标 是记录音素的符号，也是音素的标写符号，应用于语言学中。

原始西奈文字 用字母文字书写的最早文献之一，刻写于西奈半岛的石头上，大约始于前16世纪，显然受到了埃及象形文字和迦南文字的影响。

制海权（thalassocracy） 来自希腊语thalassa（大海）和krateín（权利），指国家对于海域或海军的控制权。

统一资源定位系统（URL） 是因特网的万维网服务程序上用于指定信息位置的表示方法。

字母

30秒钟历史

3秒钟速览

现代世界使用最为广泛的字母包括希腊字母、西里尔字母、阿拉伯字母和拉丁字母，这些字母都拥有来自近东的共同祖先。

3分钟扩展

字母的发明是由分布在各地的不同人群的贸易和探索推动的。商业、外交乃至战争需要准确地记录和传输信息。先是使用数量精简的简化符号作为辅音，然后使用元音，这样就简化了信息，使其简洁易懂，并为法律、逻辑学、科学和历史的发展提供了条件。

古希腊人在前8世纪创造了最早的字母。他们的突破性发明是使用字母代表元音，完成了这个数千年前就开始的进程，并发明了一套能记录语言、不产生歧义且普通人也能掌握的书写系统。考古证据表明在前1700年左右，闪米特的工匠已经在古埃及人笨拙的象形文字的基础上进行了简化。原始西奈文字将字母的数量简化到二十多个，使其得以广泛传播，并产生了多个变种。前8世纪腓尼基人掌握着制海权，他们通过添加代表辅音而非音节的字符，创造了音标。腓尼基人遍及小亚细亚和地中海进行交易，他们用自己的辅音字母记录他们碰到的任何语言。因为他们记录的交易与金钱有关，所以他们的贸易伙伴对腓尼基人的字母有着强烈的学习愿望，从而传播了这些字母的使用。但元音的缺乏是造成文字混乱的一个原因。古希腊人解决这一问题的方法是改变字母的用途，将希腊语中没有相同发音的字母用来表示元音。

相关主题

印刷机　86页
计算机　88页
电报　　90页

3秒钟人物传记

皮埃尔·蒙特
1855—1966
法国探险家，于1923年在黎巴嫩的吉贝尔发现了国王的棺材，其上有用古腓尼基字母书写的铭文。

本文作者

戴安娜·罗林森

任何字母表都为一种或多种字母的书写提供了途径。一些早期的元音附标文字如今在阿拉伯语和希伯来语中仍然存在。

印刷机

30秒钟历史

约翰·古腾堡于1440年左右在德国美因茨第一次展示了印刷机的实用性和高效率。作为一名金器商人，古腾堡很快认识到，随着文艺复兴时期文字在民众中的普及，书籍将有巨大的市场潜力。古腾堡的这项发明中，单个字母大小相同，由含铅、锡和锑的金属合金铸成，使用经过改进的螺旋压力机和油墨，从而产生了耐用和可重复使用的活字印刷技术。每个单独的字母可随处移动以构成单词，单词之间用空格分隔并排成一行，多行再被组合成一页。由于可以重新设置排版，因此可创造多样的文本。印刷机带来的直接效应是书籍数量增加、价格降低。这反过来又推动了信息的传播和准确性的提高。这对于教育、科学和技术的发展是很关键的。尽管古腾堡竭力保守自己的技术秘密，但到1500年还是有超过250个欧洲城市拥有了印刷机，印刷了约2000万册书籍。古腾堡著名的印刷品是约180本《圣经》，于1455年在法兰克福书展上售罄，现有约50本存世。

3秒钟人物传记

毕昇

972—1051

中国工匠，发明了最早的活字印刷术

约翰·古腾堡

1398—1468

德国金器商人和石匠，发明了印刷机

阿尔杜斯·马努蒂乌斯

1449—1515

意大利人文主义者，于1494年在威尼斯建立了阿杜思印刷厂，印制各类经典著作

本文作者

戴安娜·罗林森

3秒钟速览

印刷机的发明向大众普及了书籍，并宣告拉丁语作为"通用语言"的地位的消亡。

3分钟扩展

早在古腾堡发明印刷机之前的四个世纪，中国工匠毕昇就把用胶泥做成的字母放在铁板上进行排版。由于汉字很复杂，主要是象形文字而非字母，同时由于当时缺少冲压技术，因此印刷机当时在中国没能大规模推广。

古腾堡印制的《圣经》是世界上最早被印制的而非手写的著作。

计算机

30秒钟历史

3秒钟速览
计算机提升了人们在很多方面的能力,其渗入现代生活的程度让人们对依赖计算机这个现象感到不安。

3分钟扩展
计算机可以帮助我们开展很多工作:从载人登月到整理图片。但计算机是通过预先设定的指令来开展这些工作的,计算机尚未突破"图灵测试"(即人与机器的互相测试)。计算机并不会"思考",这就直接指向了问题的核心,即计算机对于人类来说意味着什么。

在工业革命以前,人们设计机器的目的是开展一项工作,如报时或者碾磨玉米。更完备的机械化则要求适应性更强的发明。1801年,约瑟夫·雅卡尔制造了一台织布机,使用可交替运行的穿孔卡片来控制布料的样式,这是第一台可被操控做多于一项工作的机器,也是于1822年查尔斯·巴贝奇发明"差分机"的灵感来源。巴贝奇的想法是制造一台能减小误差、分析结果精确度并可以进行无限次运算的通用机器。资金和技术上的限制使得巴贝奇穷其一生都没能制造出这台机器。直到20世纪第一台可编程计算机才被开发出来,或许因为在过去社会对于此方面的需求一直都不存在。随着工程和军事需求日益复杂,尤其是在第二次世界大战期间,需要大规模长时间地计算问题,才产生了这一需求。图灵于1936年发表图灵机器假说(图灵机器的设定是一种可以执行其他任何计算设备所执行的计算的机器),由此他提出了计算原理。计算原理同电子学一起成为现代计算机制造的基础。

相关主题
电视机　96页
智能手机　98页

3秒钟人物传记

阿达·洛芙莱斯
1815 — 1852
英国数学家,为巴贝奇的差分机编写了算法

康拉德·楚泽
1910 — 1995
德国发明家,于1938年制造了第一台完全由程序控制的计算机Z1,并于1941年制造了第一台可编程计算机Z3

艾伦·图灵
1912 — 1954
英国数学家,其对计算过程的分析促进了"确定方法"即算法的出现。

本文作者
戴安娜·罗林森

实际上第一台计算机埃尼阿克(ENIAC)的造价是50万美元,其占地面积与一栋小房子一样大。

电报

30秒钟历史

3秒钟速览
电报的即时通信改变了人们对世界的认识。

3分钟扩展
电报被称为"维多利亚时代的互联网",因为电报和互联网都对社会产生了重要的影响,也收到了同等的回馈。它们都采用编码传递信息,在善于操控数据和接受数据的人之间造就了桥梁。电报和互联网都受制于信息的安全问题,都改变了人与人之间的联系方式,让人们的关系更紧密或者更疏离。

在19世纪初,科学家们正在寻找一种能跨越远距离的通信系统。当他们发现可以利用对电的研究和理解时,电报就出现了。英国的威廉·福瑟吉尔·库克和查尔斯·惠斯通发明了用于铁路信号的电报,而美国人塞缪尔·莫尔斯、阿尔弗雷德·威尔和莱昂纳多·盖尔发明了由电池供电的系统,仅需一根线就能连接接收器,一个按键就能发送点状和线状的摩尔斯电码。莫尔斯和威尔赢得政府资金,修建了从华盛顿特区至巴尔的摩的电报线路,他们在1844年5月发出了第一条包含19个字母的信息"What hath God wrought(上帝创造了何等奇迹)"。电报使沟通更快的潜力很快就被商业领域注意到了,促进了全国范围内的线路连接。其影响是市场开拓效率提高、信息传递更加容易。这些又反过来让商业和行政体系更加集中。电报引领了通信的变革,更加凸显知识本身的价值,还改变了外交和军事的面貌。

相关主题
计算机　88页
广播　94页
电视机　96页

3秒钟人物传记
亚历山德罗·伏特
1745—1827
意大利物理学家和化学家,发明了伏打电堆,还发现了沼气

塞缪尔·莫尔斯
1791—1872
美国肖像画家、电报的发明者,与艾尔菲德·维尔一起发明了摩尔斯电码

本文作者
戴安娜·罗林森

电报标志着利用能源本身对未曾见过的力量展开实验的开端。

1955年6月8日
出生于英国伦敦，父母是康威·博纳伯·李和玛丽·李·伍兹

1976年
获得牛津大学王后学院物理学一级学士学位

1980年
在欧洲核子研究组织（CERN）工作期间，首先提出使用"超文本"的概念以促进信息共享

1989年
发表论文《信息管理：关于全球信息共享和分发的一项建议》，并将该系统命名为万维网

1991年
创建了首个网络浏览器和编辑器，在CERN启动了首个网站"info.cern.ch"，对万维网进行了讲解，并向用户介绍如何着手创建自己的网站

1994年
在麻省理工学院的计算机科学实验室建立致力于开放网络标准的万维网联盟（W3C）

1999年
被《时代周刊》评为20世纪100位最重要的人之一

2004年
受封爵士，被授予芬兰千禧年科技奖

2007年
被英国皇室授予英国功绩勋章，这是由英国君主所颁发的荣誉，仅有24个在世的个人获得此殊荣

2009年
当选为美国艺术和科学学院院士

2011年
成为米哈伊尔·戈尔巴乔夫"改变世界的人"奖的三位获奖者之一

2012年
成立了倡导全球开放数据的"开放数据研究院"

2012年
在9亿人注视下，于伦敦奥运会开幕式上扮演了令人瞩目的角色。他在社交平台写道"这是奉献给每个人的"

人物介绍：蒂姆·伯纳斯·李

TIM BERNERS-LEE

蒂姆·伯纳斯·李对电子产品的兴趣始于孩提时期，那时候他就能制作各种小装置来操控他的模型火车。他的父母都是计算机科学家，研发了最早的商用计算机之一"费兰蒂·马克1号"。所以他的职业选择可能并不是一个意外。

从牛津大学获得物理学学位后，伯纳斯·李曾在位于日内瓦的欧洲核子研究组织粒子物理实验室担任软件工程师和顾问。就是在这里他以有远见的方法解决了信息共享的问题，并将其发展成为万维网。

"因特网"简单来说就是将计算机连接起来，它始于20世纪60年代，是研究人员和学界人士中作为传递内容的一种方式。伯纳斯·李在欧洲核子研究组织发现信息传递存在限制，即每个研究团队在不同的计算机网络中收集数据时还在使用不同的编程语言，这就让研究和合作变得更加复杂了。伯纳斯·李的解决方法是将因特网和名为"超文本"的新兴技术结合起来。超文本是一种允许查看网络中任何地方的文档而无须下载该文档的系统，它的原始软件被称作ENQUIRE。

伯纳斯·李于1989年为万维网提出的方案并未被采纳为欧洲核子研究组织的正式项目，但他仍致力于此。到1990年，他与信息工程师罗伯特·卡里奥一道，编写了一直作为万维网基础的三项基础性技术，即超文本标记语言（HTML）、统一资源定位系统（URL）和超文本传输协议（HTTP），并开发了第一个网络浏览器和第一个网络服务器。

从一开始，伯纳斯·李就意识到网络的真正潜力只有在下层代码可在不受限制的情况下被使用和开发时，才能被真正发掘。他继续倡导开放数据和维持网络中立性，倡导用网络为全球公共利益服务。除了技术方面的贡献，他在资源开放方面的贡献也不容忽视，他使资源开放从技术领域传播到政治、科研、教育和文化领域。

戴安娜·罗林森

广播

30秒钟历史

3秒钟速览

广播是使人们不用考虑经济因素，可以实时参与文化活动的一项发明。

3分钟扩展

20世纪20年代以来广播的发展为人们提供了前所未有的娱乐方式和获取信息的途径，并为知识的传播提供了强大的载体。广播的操作不需要特殊的技术，它让人们能得知最新的社会趋势。广播有即时性，强调互联性和互动性。家庭无线设备的普及催生了节目录制、广告和新闻广播等新兴行业。

1886年，海因里希·赫兹证明电流的快速变化能以无线电波的形式投射到太空中。这项突破产生了无线通信最早的形态，即以摩尔斯电码为基础的"无线电报"，英国人伽利尔摩·马可尼和美国人尼克拉·特斯拉同时在1895年取得此项专利。同一时期在加尔各答，J·C·博塞发明了粉末检波器，使得无线电波能够通过墙壁或水体。由于技术上的限制，此时的无线传输主要用于军事，尤其是海事作业中。无线电波在远洋航行的安全方面上产生了革命性影响，但对社会的其他方面则没有太大的影响。在广播被发明之前，还需要进一步的技术改进。1906年，费森登在马萨诸塞州的布兰特洛克用广播播出了一段简短的演讲和音乐节目。政府对无线传播安全性的担忧抑制了第一次世界大战期间广播的发展。1919年对广播的管控得以放松，广播真正开始发展。人们很快适应锁定频道收听国内外的最新进展，从而开启了大众传媒的新纪元。

相关主题

计算机　88页
电报　90页
电视机　96页

3秒钟人物传记

尼克拉·特斯拉
1856—1943
塞尔维亚裔美国电气工程师，取得了交流电感应电动机的专利。他生前与马可尼就无线电技术的专利产生争论，去世后于1943年在美国被授予该项专利。

本文作者

戴安娜·罗林森

20世纪前十年电子学技术的进步让广播成为娱乐产业。

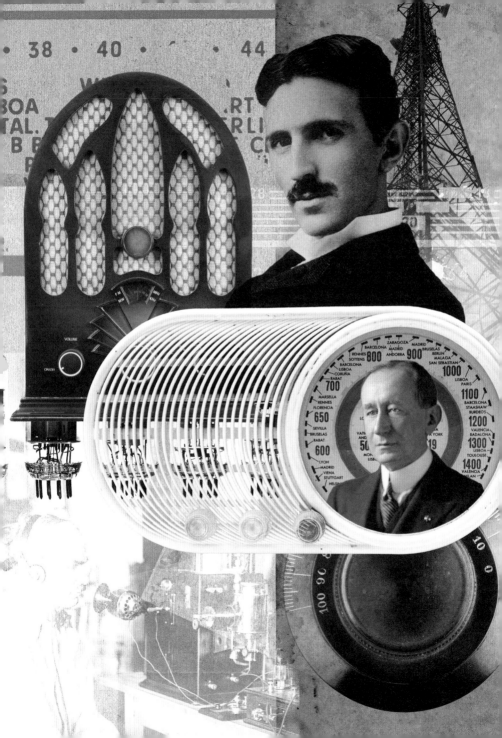

电视机

30秒钟历史

3秒钟速览
电视机为人们提供了娱乐方式和获取信息的渠道。因其"直播"的本质,电视机提供了一种连接感,其普及性又改变了家庭和社会交互方式。

3分钟扩展
在21世纪,很多家庭拥有的电视机数量甚至多于人口数量,看电视对人际交往和社会价值观产生了重大影响。从肥胖到暴力事件,电视机也被认作这些现象产生的源头。诸如"笨蛋机器"和"蠢货电灯"等称谓表明一个让人警觉的现实,那就是电视机可以作为有教育意义的媒介,也可以带来负面影响。

从1900年起,英国、日本、德国和美国的发明家们都致力于电视机的发明,并进行了几十次接近成功的尝试。1925年,约翰·罗杰·贝尔德通过展示第一幅模糊的图像震惊了伦敦的购物者,但在生产可以作为商品的电视机时则面临严峻挑战。就在两年内,贝尔德的"机械电视"被美国的维拉蒂米尔·斯福罗金和费罗·法恩斯沃斯发明的"全电子"版本的电视机取代。此时电视机的使用仍未普及,其内容仅限于用单镜头拍摄的勉强能看清楚的图像。第二次世界大战期间,商品电视机的发展被放弃甚至被禁止。但由于战时雷达技术的升级,1946年后让用户有更好观感的商品电视机研发又重新启动了。电视机的拥有量大量增加,广告和赞助的资金如潮水一样涌入,成为广播的一个重要特征。电视机改变了人们打发业余时间的方式。尽管电视有娱乐和教育的益处,但看电视时间的增加还是招致了批评。人们甚至认为谁控制了电视机的内容谁就有更大的影响力,而电视机对消费主义的推动会造成负面影响。

相关主题
计算机　88页
广播　94页
智能手机　98页

3秒钟人物传记
尼普柯夫
1860—1940
德国工程师,1884年成为首个获得"机械电视"专利的人,然而他的发明仅停留在理论层面

约翰·罗杰·贝尔德
1888—1946
苏格兰发明家,展示了第一台运行的电视机和第一台彩色电视机显像管。他在1928年成功进行了首次跨大西洋电视节目传输

本文作者
戴安娜·罗林森

电视机可以说是20世纪传播最广泛的发明。电视机为社会的方方面面都提供了了解世界的一扇窗户。

智能手机

30秒钟历史

第一个将移动通信功能和个人数据结合起来的手机由IBM于1992年开发，两年后由贝尔南方公司推向市场。这款被称为"西蒙"的手机，能发送和接收电子邮件和传真，能撰写备忘录、存储地址以及安排日程。QWERTY键盘的辅助让人们可以更容易地使用文字处理和表格软件进行工作。诺基亚9000手机配备了触摸屏和触屏笔，还能浏览网页，这一点是西蒙做不到的。1997年诺基亚推出G.S.88（佩内洛普）手机时，智能手机这个术语被正式创造出来。随后大量出现的类似手机都碰到了一个难题，从而延缓了智能手机向庞大的消费者市场的渗透。这个难题就是智能手机应用程序有限，触摸屏需要手指费力点击，网页通常是计算机网页的删减版本。2007年，苹果公司的iPhone手机打破了这些桎梏，电容数字转换技术带来了真正的触摸屏，包含iOS内核的浏览器使得全彩色、全内容的网页成为可能，该特点迅速被安卓操作系统所效仿。这导致了大量用于日常和社交应用程序的出现，将智能手机从商业工具转变为消费者的购买目标。

相关主题
计算机　　88页
电视机　　96页

3秒钟人物传记
西奥多·乔治·帕拉斯切瓦克斯
1937—
希腊裔美国发明家、电子工程师，发明了通过电话线传输电子数据。1973年他获得了数据处理和显示屏与电话相合的专利

本文作者
戴安娜·罗林森

只要有信号，智能手机就能将台式计算机的计算能力装入口袋。

经济和能源

经济和能源
术语

美国独立战争　北美十三州殖民地的革命者反抗英国统治、争取民族独立的革命战争。

比特币　根据中本聪的思路设计发布的开源软件以及建构的P2P形式的数字货币。比特币的交易记录公开透明，点对点的传输意味着去中心化的支付系统。

区块链　是一个又一个区块组成的链条。每一个区块中保存了一定的信息，它们按照各自产生的时间顺序连接成链条。

鼠疫　由鼠疫耶尔森菌借鼠蚤传播，是广泛流行于野生啮齿类动物间的一种自然疫源性疾病。

切尔诺贝利核电事故　发生在苏联时期乌克兰境内切尔诺贝利核电站的核子反应堆事故。该事故被认为是历史上最严重的核电事故，也是首例被国际核事故分级表评为第七级事故的特大事故。

芝加哥一号堆　简称CP-1，是人类第一台可控核反应堆，以铀核裂变为基础产生链式反应。

计数板　算盘的早期形式，使用石头或木头制成的算子在一块板子上计数。

计数绳　包括阿兹特克人在内的中美洲古代文明使用的计数工具。印加人将其称为基普（quipu）。

差分机　1822年出现模型，能提高乘法速度和改进对数表等数字表的精确度。英国人查尔斯·巴贝奇研制出差分机和分析机，为现代计算机设计思想的发展奠定了基础。

数字现金　经银行数字签名的表示现金的加密序列数，是一种数字化货币，用于在因特网上进行小额实时支付。

效率　指有用功率对驱动功率的比值。

化石燃料 是一种烃或烃的衍生物的混合物，其包括的天然资源为煤、石油和天然气等。化石燃料是由古代生物的遗骸经过一系列复杂变化而形成的，是不可再生资源。

福岛核事故 2011年3月11日日本东北太平洋地区发生里氏9.0级地震，继发生海啸，该地震导致福岛第一核电站、福岛第二核电站受到严重影响。

国际商业机器公司（IBM） 总公司在纽约州阿蒙克市。1911年托马斯·沃森创立于美国，是全球最大的信息技术和业务解决方案公司。

本地交换和交易系统（LETS） 一种货币交易系统，参与者能进行交易，但交易的对象不是个人，而是中央银行。

电子钱包 电子商务购物活动中常用的支付工具。在电子钱包内可以存放电子货币，如电子现金、电子零钱、电子信用卡等。

核反应堆 又称为原子能反应堆或反应堆，是能维持可控自持链式核裂变反应，以实现核能利用的装置。

半导体 指常温下导电性能介于导体与绝缘体之间的材料。

计算尺 从17世纪起用来进行乘法和除法和更为复杂的数学运算的滑动尺。

SOS 即S.O.S，是摩尔斯电码的求救信号。

三十年战争 是由神圣罗马帝国的内战演变而成的一次大规模的欧洲国家混战，也是历史上第一次全欧洲大战。这场战争是欧洲各国争夺利益、树立霸权的矛盾以及宗教纠纷激化的产物。

算盘

30秒钟历史

上溯至古巴比伦，几乎每一种古代文明都使用类似算盘的工具进行运算。古巴比伦用以数字60为基数的计数系统。当时是前1900年左右，未发现当时使用的算盘或数字。可能这些东西是用木头做的，已经腐烂了，但它们的图像还留存着。后来的古埃及人、古希腊人、古代中国人还有古罗马人都使用了一种像算盘一样的工具，在板子上下方移动算珠进行加法或减法。而中美洲的阿兹特克人以数字20为基数，用类似带绳结的绳索计数。有证据表明，古罗马的算盘源自中国，不仅计算工具十分相近，而且两国之间还有贸易往来。欧洲的问题在于古罗马的罗马数字难以用于计算。欧里亚克的数学家热贝尔，即后来的教皇西尔维斯特二世，从科尔多巴和塞维利亚的阿拉伯学者处了解到算盘后，将算盘再次引入西欧。自此算盘一直沿用到计算尺和袖珍计算器出现。

3秒钟速览

大多数人通常用十根手指来计数。但如果需要进行数值更大的运算，而又没有代表数字的符号，那么可以用算盘。

3分钟扩展

不要错误地认为算盘运算得很慢。从1945年后美国对日本军事占领起，美国军人就被算盘的运算速度所吸引。于是便做了一项实验。在进行除了除法的除数运算中，电子计算机操作员的运算速度被使用算盘的人打败了。

相关主题

纸币　106页

3秒钟人物传记

热贝尔（教皇西尔维斯特二世）

946—1003
法国数学家，将阿拉伯数字引入欧洲，同时引入了算盘

特伦斯·V·克兰默
1925—2001
美国人，国际盲文研究中心的创始人，发明了克兰默算盘，一直沿用至今

本文作者
戴维·波义尔

快速高效的算盘推动了阿拉伯数字的发明。

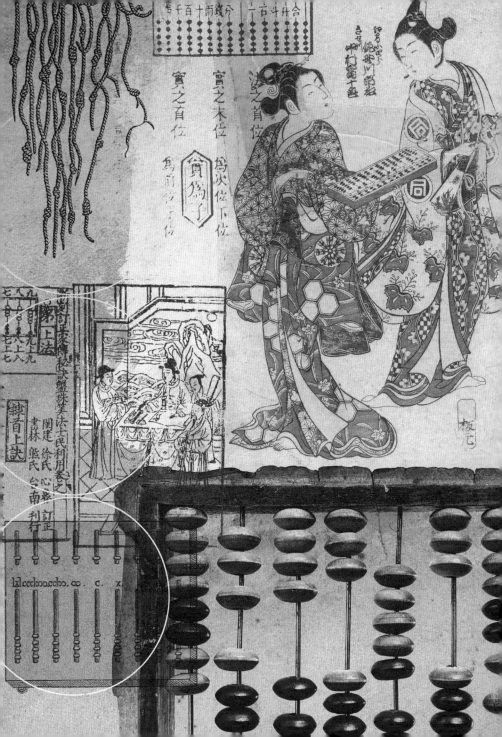

纸币

30秒钟历史

3秒钟速览

纸币大胆地将货币与其代表的内在价值脱离。这使得制造货币的成本降低。纸币通常由纸或塑料制成。

3分钟扩展

纸币将货币与黄金脱钩，这被视为一件好事。但正如经济学家约翰·梅纳德·凯恩斯所指出的，纸币也可能成为"大规模杀伤性武器"。美国独立战争和法国大革命都被归咎于纸币。事实上，18世纪早期法国发行由苏格兰经济学家约翰·劳推行的纸币后，法国的贵族统治就被彻底推翻了。

试想一下，你像你的祖先一样过完了一生，但他们的货币有其自身的价值，而你拿到的只是代表货币的纸。这就是13世纪60年代威尼斯探险家马可·波罗到达忽必烈可汗的领地时的所见所闻。他是第一个见到纸币的欧洲人，他吃惊地发现竟然无法拒绝使用纸币。忽必烈坚持使用纸币，他的坚持带有法律的效力。没有人知道是谁发明了纸币。纸币可能是从收据和本票演变而来的，它首次出现在中国北宋时期，后来又在铜币短缺时出现。总而言之，中国商人们都认为铜币太重不便于携带。第一张欧洲的纸币于1661年作为黄金或白银的承兑票据出现在斯德哥尔摩。但将货币与其内在价值脱钩则有着很大的风险，通货膨胀和突然的通货紧缩都是很可怕的。事实上，在瑞典最早引入纸币的人，是一位叫作约翰·帕姆斯特鲁赫的荷兰商人。他因不负责任的簿记行为被判处死刑，后来死于狱中。

相关主题

电子货币　118页
信用卡　120页

3秒钟人物传记

忽必烈
1215—1294
元朝的统治者，是有记载的第一位专门规定使用纸币的统治者

约翰·劳
1671—1729
苏格兰经济学家，纸币的推广者，他的纸币实验与法国的破产关系紧密

本杰明·富兰克林
1706—1790
美国开国元勋之一，他向对货币持怀疑态度的英国下议院申请使用纸币

本文作者

戴维·波义尔

中国使用纸币五个世纪以后，欧洲国家才开始效仿。

核能

30秒钟历史

3秒钟人物传记

欧内斯特·卢瑟福
1871—1937
新西兰出生的物理学
家,他的研究引发了原
子的第一次裂变

奥托·哈恩
1879—1968
德国核物理领域的先
驱,当原子弹轰炸广岛
和长崎时,他曾考虑自
杀

弗里茨·斯特拉斯曼
1902—1980
德国化学家,曾协助奥
托·哈恩发现了核裂变
现象

本文作者

戴维·波义尔

3秒钟速览

如果裂解原子能产生
能量,那么为了世界
的发展利用核能是有
意义的,但现实有时
会事与愿违。

3分钟扩展

两起核事故让民用核
能的研发遭到质疑。
1986年乌克兰切尔
诺贝利核电事故起因
为安全系统被关闭,
而2011年的日本福岛
核事故则是地震和海
啸引起的。两起核事
故中,直接死亡人数
都相对较低,但周围
的土地至少数十年都
不能使用,且清理成
本和其他核电站的维
护成本都难以估量。

美国总统德怀特·艾森豪威尔当局第一次使用"原子弹换和平"的字眼作为幌子,让其开发核武器的行径看上去名正言顺。这不同于第二次世界大战期间为了彻底击败纳粹仓促发展的核技术。自从物理学家欧内斯特·卢瑟福第一次用质子轰击锂原子,并发现有大量能量被释放之后,便发生了跌宕起伏的故事。1938年奥拓·哈恩和弗里茨·斯特拉斯曼同奥地利物理学家莉泽·迈特纳和她的侄子奥托·弗里施进行了关键性的实验。一年后,第二次世界大战爆发,很多世界上顶尖的物理学家在英国和美国避难。第一个能运转的核反应堆在1942年的实验中启动,它被称为"芝加哥一号堆",为旨在制造核武器的曼哈顿计划提供原料。首个能真正发电的核反应堆是1951年位于爱达荷州的小型实验增殖反应堆。从那时起,因造价的确过于高昂,所以核能的研发很难实现先前的预期。

尽管核能作为"清洁能源"受到欢迎,但核事故和研发成本给核能的未来带来了不确定性。

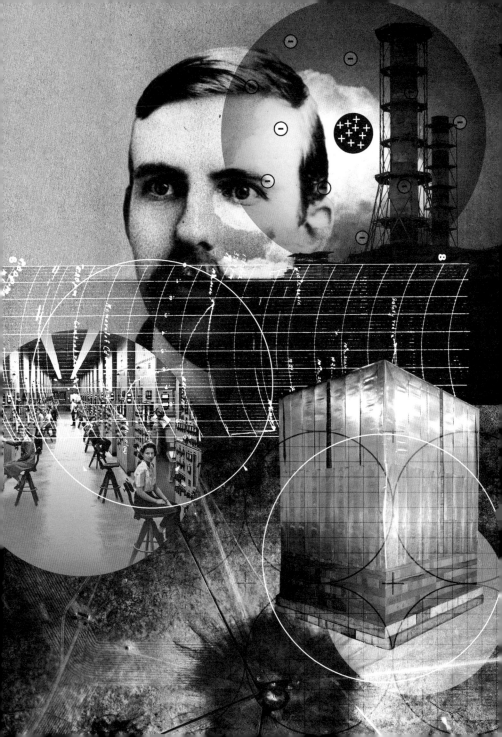

1883年
美国发明家查尔斯·弗里茨发明了使用金和硒的太阳能电池，其效率约为1%

1898年1月31日
拉塞尔·奥尔在美国宾夕法尼亚阿伦顿附近出生

1940年2月23日
致力于晶体硅的研究，并产生了惊人的发现

1946年
获得太阳能电池专利

1948年1月23日
在奥尔的N-P结势垒的基础上，发现了晶体管

1954年4月25日
贝尔实验室宣布发明了第一个实用的硅太阳能电池

1973年5月14日
发射由太阳能电池板供电的空间实验室"sky lab"

1987年3月20日
在加利福尼亚去世

2008年
美国国家可再生能源实验室制造了一种效率超过40%的太阳能电池，创造了新的纪录

人物介绍：拉塞尔·奥尔

RUSSELL OHL

拉塞尔·奥尔在大学一年级的时候听到了第一条无线电信号。这是一条第一次世界大战期间受到德国U型潜水艇攻击的舰艇发出的求救信号。奥尔在十六岁时就于宾夕法尼亚大学就读，并被录取到令人生畏的电化学工程专业。第一学年结束，最初的学生中只有三名留了下来。这次听到的无线电信号激发了他的想象力，使他决定投身于无线电研究领域。

因为对无线电研究的痴迷，奥尔偶然发现了硅的特性，即可以利用阳光发电。这成为发明晶体管及现代太阳能电池的基础。

奥尔开始在陆军信号部队工作，之后在西屋电气公司和美国国际电话电报公司的实验室里工作，最后他来到位于新泽西州的贝尔实验室。这是一份让他感到沮丧的工作。他被控制电流的半导体的研究工作所吸引，但总是被调走转移到其他更为紧急的工作，因为这份工作是与美国空军签订的合同，是与半导体研究同样重要的工作。

"这项半导体的研究工作有太多阻碍了"奥尔后来说道。"你不知道有多少人反对半导体的研究。研究真空管的人说：'半导体毫无用处'，差不多就是这样。"

当时存在的问题是当时的无线电调谐器在高频段的工作效果不太好。所以奥尔开始实验硅等半导体材料。

1940年，当奥尔在研究有裂缝的硅样品时，吃惊地发现硅样品置于阳光下时，裂缝两侧有电流通过。由于一个偶然的失误，裂缝一侧的硅原子可能比另一侧带有更多的电子。这个差异被称为"N-P结势垒"。奥尔也由此发现自己制作了一个将阳光转换为电能的简易设施。

尽管在使用硒之前就有太阳能电池，但奥尔的电池效率还是高得多。因此有人预言，太阳能电池将为下一次经济变革提供动力。

戴维·波义尔

计算器

30秒钟历史

电子袖珍计算器是20世纪70年代每位公司经理必备的工具。这项发明改变了人们的日常生活，极大地扩展了每个人的运算能力。古代用手操作、使用算珠的"计数板"，用了两千年才改进至机械计算器。威廉·施卡德于1623年发明"计算钟"，这是一种由一系列齿轮驱动的能进行六位数以内加法、减法的计算器。哲学家布莱士·帕斯卡于1642年发明了一个装置，它也由齿轮驱动，能进行两位数加法、减法运算，并通过重复计算来完成乘法除法运算。接下来的一个世纪里，查尔斯·巴贝吉发明了差分机，这是计算机的先驱。直到20世纪60年代，最早作为商品的四则运算器（1915年制造）和美国的按键式计算器一直"主宰"着办公室。但就在不到十年的时间里，计算器就发生了改变，又大又重、使用主电源、成本比家用汽车还高的台式计算机，被廉价、便捷、由电池供电、可放进口袋的设备取代了。诸如集成电路和可由电池供电的电子设备让这种改变成为可能。

3秒钟人物传记

威廉·施卡德
1592—1635
德国犹太裔教授，天文学家，第一台计算器的发明者

布莱士·帕斯卡
1623—1662
法国哲学家，发明了第一台能工作的计算器

克里夫·辛克莱
1940—2021
英国发明家，第一台袖珍计算器的发明者

本文作者

戴维·波义尔

算盘花了四千年的时间演变成袖珍计算器，但技术的进步却加速了袖珍计算器的消亡。

风力发电机

30秒钟历史

3秒钟速览

在多风天气的地区，有必要找到一种技术使风能得以利用。

3分钟扩展

各个地区的风力并不恒定。有时风力太强，风车都可能被掀翻，而有时根本就没风。所以风能尽管很重要，可以提高地区和国家的能源独立性，但也需要用其他能量来平衡。

风车是12世纪欧洲开创性的技术，它利用风力用机械方式驱动研磨机器，生产面粉，还可以驱动小型机器。风车发电的想法则需要等到电被发现以后才能实现。此后，苏格兰人成了践行这一想法的先驱，考虑到横扫苏格兰的巨大风力，这也许并不让人吃惊。一位叫詹姆斯·布里斯的苏格兰教师于1887年在金卡丁郡的梅科克建立了第一台充电式风力发电机。以钢铁为材料的风力发电机在20世纪30年代远离电网的田地和偏远地区是常见的景象，尤其是在美国。20世纪30年代的雅尔塔，20世纪40年代的佛蒙特州和20世纪50年代的奥克尼，还有人尝试将风能接入电网。但化石能源仍占据着统治地位，直至对可再生能源的需求让风能自20世纪70年代起重新被人们重视。多数现代商业风力发电机都以丹麦的模型为基础，三个轻质的水平叶片，以最佳角度获取风力。风力发电机主体内的发电机从与叶片相连的旋转轴获取动能，然后将其转化为电能。

相关主题

核能　108页

3秒钟人物传记

詹姆斯·布里斯
1839—1906
苏格兰数学教师，最早提出用风力发电

帕尔默·柯斯莱特·普特纳姆
1900—1984
美国地质学家，制造了美国第一架风力发电机，位于佛蒙特州，在运行1000小时后发生故障

本文作者

戴维·波义尔

最近修建在浮式钻进装置上的海上风力发电场，利用了海面上更高的风速，遇到的阻碍比在陆地上建设风力发电场要少。

条形码

30秒钟历史

3秒钟速览

条形码是一种由宽度不同的黑条和白条组成的图形标识符，可以通过电子扫描识别其中的信息，为快速识别百万件商品提供了解决方案。

3分钟扩展

伍德兰和塞尔沃不是研究这一问题的唯一人群。他们俩并不知道，宾夕法尼亚州道路管理部门的一位负责人，正试图找到一种方法可以快速识别汽车或卡车。戴维·柯林斯尝试了一种被叫作车辆追踪（KarTrak）的灯光系统。这个想法在宾夕法尼亚并未采用，反而被新泽西州收费公路采用，从而知道哪些车辆已经支付了道路使用费。

伯纳德·塞尔沃在学校就读的时候，无意中听到超市经理和费城德雷克塞尔大学的一位讲师间的对话。这让他产生了研究条形码的想法，思考如何开发能自动识别产品的系统。他最早同朋友兼同学诺曼·约瑟夫·伍德兰尝试的解决方法是隐形墨水，但这种方法过于昂贵。他们于1952年获得条形码系统的专利，当时伍德兰正试图让IBM公司对这个发明感兴趣。十年后，他们将此专利以15000美元的价格出售。直到美国广播唱片公司（RCA）买下该专利并研发类似系统的时候，IBM才开始跟进。被扫描的第一件商品是1974年俄亥俄州特洛伊的一支口香糖。这支口香糖和它的收据现在正在华盛顿哥伦比亚特区的史密森尼学会展出。现在条形码无所不在，在书籍、汽车、信件、包裹和护照上都有它的踪迹。条形码已成为现代生活的中心。两位发明家从这项专利中获利不菲。塞尔沃于1963年死于白血病，而伍德兰则茫然地看着他们的发明在全世界风生水起。

相关主题

计算机　88页

3秒钟人物传记

诺曼·约瑟夫·伍德兰
1921—2012
美国机械工程讲师，通过在沙子里画出一系列的线条从而发明了条形码

伯纳德·塞尔沃
1924—1963
美国电气工程师，提出了条形码最早的构想

本文作者

戴维·波义尔

简单的条形码可以帮助我们追踪所有的事物，从机票到商品。

电子货币

30秒钟历史

3秒钟速览

现金携带起来太沉重，经手的人太多又太脏，保存的费用也太贵。而使用电子货币会更加方便。

3分钟扩展

电子货币让你可以只需点击屏幕就能进行小额交易。最先启用电子货币的有加拿大的迈克尔·林顿的本地交易系统（1983年）、神秘的中本聪和他在2008年启动的比特币。电子货币使用所谓的"区块链"技术，会对每次交易都进行加密。

在电子货币出现前的几个世纪里，银行在资产负债表上写上一笔就以贷款的形式创造了货币，这与现今让货币成为一种虚拟概念的方式差不多。但在过去，货币仍然由某种物品如纸币或硬币来代表。来自洛杉矶的名叫戴维·查姆的密码学家被认为是发明电子货币的第一人。他在1981年提出这一想法，然后以"数字现金"的名义研发和启动了电子货币。"数字现金"有内置的编码来保护货币不被追踪到，而现在多数电子货币是可以追踪到的。1998年"数字现金"失败后，查姆继续将其用于同样需要解决保护个人身份问题的投票系统。不久就有来自英国国民威斯敏斯特银行的两位工作人员追随而来，他们分别名叫蒂姆·琼斯和格雷厄姆·希金斯。两人发明了最早的电子钱包以及电子货币。后来电子货币被卖给万事达国际组织，但并未像预期那样得到广泛推广。电子货币的先驱们所言：市场对电子货币是有需求的，但是需求还远远不够。

相关主题

纸币　106页
信用卡　120页

3秒钟人物传记

戴维·查姆
1955—
美国密码学家和数学家，发明了最早的电子货币"数字现金"

本文作者

戴维·波义尔

电子货币可能给人感觉是虚构出来的，但是它却像银行的柱子一样安全。

信用卡

30秒钟历史

故事的开始是一本丢失的支票簿。金融家弗兰克·麦克纳马拉和朋友艾尔弗雷德·布卢明代尔在纽约帝国大厦边的烤肉店吃饭。两人都发现没有带够现金付账。接下来，麦克纳马拉只得给他的妻子打电话，让她带上现金开车过来。这是具有革命性的时刻。两个男人用这一餐饭剩下的时间讨论如何避免这种尴尬再次发生。次年，即1950年，麦克纳马拉推出了世界上第一张信用卡——食客俱乐部信用卡。但真正的转变发生在八年后，那时美国银行的一位中层经理乔·威廉姆斯组织了著名的"弗雷斯诺信用卡邮寄实验"，将60000张信用卡邮寄给加利福尼亚州弗雷斯诺的居民，不管他们是否有此要求。这不仅仅是大众市场信用卡的开端，还是美国民众轻松获得信用贷款的开始，开启了消费者革命。食客俱乐部信用卡立即获得了成功，但麦克纳马拉几年后出售了他的专利，据说因为他在房地产市场损失了相当多的钱。

3秒钟人物传记

爱德华·贝拉米
1850—1898
美国作家，在他的书中
首次构想了在2000年
左右出现的信用卡

弗兰克·麦克纳马拉
1917—1957
美国金融家，提出了食
客俱乐部信用卡的构想

本文作者

戴维·波义尔

关于信用卡的构想开始于一家餐馆。现在发达国家几乎所有的人都在使用信用卡。

日常生活

日常生活
术语

双耳细颈瓶　陶制的用于储存饮料和食物的容器，通常用于盛装酒和橄榄油。从新石器时代起几千年来，这种容器都有密封塞用来保鲜，通常还有尖尖的瓶底，让其可以直立放置在松软的土地中或在船中摞成好几层。

弧光灯　一种强光灯，最早于19世纪初出现，通过在两个碳电极之间通电产生弧光。广泛用于街道和工厂建筑物照明，直至被白炽灯取代。但仍用在电影放映等方面。

暗箱　一面有小孔的密封箱，箱外景物透过小孔，在完全黑暗的箱内壁上形成颠倒且两边相反的影像，是照相机的最早形式。

电影放映机　放映影片用的光学机械。由灯箱、光学系统、传动输片装置和供片盒等构成。

蒸汽压缩制冷　电冰箱和空调中使用的制冷技术。其原理为使用在内部的液体制冷剂，以蒸发、压缩和膨胀的循环在一定的空间中吸收和释放热量。无论在电冰箱内还是房间内都能发挥同样的作用。

酶　是由活细胞产生的、对其底物具有高度特异性和高度催化效能的蛋白质或RNA。酶是一类极为重要的生物催化剂。由于酶的作用，生物体内的化学反应在极为温和的条件下也能高效和特异地进行。

荧光灯　利用低气压的汞蒸气在通电后释放紫外线，从而使荧光粉发出可见光，因此荧光灯属于低气压弧光放电光源。

电影摄像机　用于拍摄、记录活动或静止影像的工具。它是一种综合光学、机械、电子、电工、电声和化学等各个学科知识及其研究成果的精密机械设备。

LED灯 简称为**LED**，是一种常用的发光器件，可高效地将电能转化为光能，通过电子与空穴复合释放能量发光，在照明领域应用广泛。

视觉留存现象 人眼在观察景物时，光信号传入大脑神经，需经过一段短暂的时间，光的作用结束后，视觉形象并不立即消失，这种残留的视觉称为"后像"，视觉的这一现象则被称为"视觉留存现象"。

似动现象 当视网膜受到两条线段的刺激后，会引起皮层相应区域的兴奋。在适当的时空条件下，这两个兴奋回路之间发生融合，形成短路，因而得到运动的印象。

伏打电堆 世界上第一个发电器，也就是电池组。伏打电堆开创了电学发展的新时代。伏打电堆是由多层银和锌叠合而成，其间隔有浸渍水的物质，也称为伏打电池。这是最早的化学电源，为电学研究提供了稳定的容量较大的电源，成为电磁学发展的基础。

零碳住宅 在建造和居住时不向空气中排放碳的住宅。零碳住宅的材料含碳量极低且极为节能，主要利用太阳能和其他可再生能源。但是要达到真正的零碳，可能还需要某些方法来储存或者隔绝碳。

活动幻境 电影产生前的几种动画设备之一，为可旋转的圆柱状物，内部有观看槽，槽内有静态的图像，当旋转时可通过观看槽观看到静态图像连续运动产生的影像。

抽水坐便器

30秒钟历史

3秒钟速览

世界上2/3的人能冲走他们的排泄物。但剩下的人如何解决这个问题仍然未解。

3分钟扩展

联合国"可持续发展目标"第六条是确保所有人有水和卫生设施可用。为在全世界实现这个目标已花费超过5000亿美元。一些慈善机构，如比尔及梅琳达·盖茨基金会向高科技方案投资，以解决这个问题，而对于目前没有卫生设施的人来说，当前可持续的解决方案就是简陋的堆肥厕所。

根据世界卫生组织的统计，全世界约有24亿人缺乏卫生设施。其中，超过9.4亿人在户外排便。对于对厕所习以为常的人来说，这是一个让人震惊的数据。同排水沟或污水坑相连的家用厕所已经有约五千年的历史了。接入城市排水系统的公共厕所在古罗马是重要的会议场所，而抽水坐便器则是比较新的发明。最早能使用的坐便器被认为是英国约翰·哈灵顿爵士为伊丽莎白一世设计的。但作为这项发明核心的冲水机制则出现得更早，于1206年由机械工程师伊斯梅尔·加扎利作为自动洗手装置的一部分发明。抽水坐便器在工业革命之前没能惠及广大人群。1775年亚历山大·卡明斯提出了冲水厕所的专利，使用了关键性的S形弯管。另一位发明家与卡明斯同时代的约瑟夫·布拉马改进了这项发明，因为该发明在天冷时容易冻住。历史则深刻地记住了改进和推广抽水坐便器的托马斯·克拉珀。

相关主题

抗生素　66页

3秒钟人物传记

伊斯梅尔·加扎利
1136—1206
土耳其数学家，自动洗手装置的发明者

约翰·哈灵顿
1561—1612
英国爵士、作家，早期抽水坐便器的发明者

本文作者

安德鲁·西姆斯

1596年，伊丽莎白一世成为现代意义上第一位"坐在王位上"的君主。

密封罐

30秒钟历史

2009年在爱尔兰的基尔代尔郡发掘了一个有三千年历史的橡木罐。这个罐子看上去像是锈蚀的食品罐。将食物包装保存是人们已经做了上千年的事情。古罗马人在密封的双耳细颈瓶、管道和井中保存腌鱼酱、橄榄油、酒和其他食物。将食物放在密封容器里之前加热食物能更长时间地保存食物，因为高温可以杀死微生物，使可能让食物腐烂的酶失去活性，形成新的保护层。但直到1860年路易斯·巴斯德对微生物进行研究后，人们才理解灭菌法。灭菌法作为保存食物的基本方法，被称为"热处理"，而在理解科学原理前就被人们采用了。1795年法国甜食制造商尼古拉·阿佩尔开始用玻璃密封容器做实验，他的发现后来被法国海军采纳，后者需要在远航中保存食物的方法。英国发明家彼得·杜兰德用陶瓷和玻璃的混合物作为保存容器，并在1810年获得了此项专利。美国的托马斯·肯塞特和埃兹拉·达哥特于1822年实现了用锡罐保存食物。现今的密封罐多数是用钢制成的，仅在美国每天就有约一亿个密封罐被使用。

3秒钟人物传记

尼古拉·阿佩尔
1749—1841
法国甜品制造商和酿酒师，曾尝试用加热的密封罐保存食物

彼得·杜兰德
1766—1822
英国商人和发明家，1810年因包锡铁罐保存食物的发明被授予皇家专利

本文作者

安德鲁·西姆斯

3秒钟速览

密封罐革新了19世纪食物的储藏和保存方式，而现在已经相当普及。

3分钟扩展

回收使用一个锡罐节省的能源相当于看三小时电视所用的能源，即最初生产锡罐所用能源的74%。在全世界，只有约8%的锡罐被回收利用。锡矿开采和冶炼正严重污染着环境。对环境污染更轻、对环境更加友好的食物包装形式正在取代锡罐。

密封罐是延长易腐烂食物"生命"的现代方法。但是这项发明比人们以为的时间要早得多。

灯泡

30秒钟历史

白炽灯的发明与其说是一蹴而就，不如说是积水成渊。托马斯·爱迪生被多数人认为是灯泡的关键发明者，但这项发明由其所在公司的研究人员提交，而这正是一些早期发明的弊端。18世纪末，意大利物理学家和化学家亚历山德罗·伏打发明了锌银电池，也叫作伏打电堆，作为连接的铜丝会发光。伏打的发明比爱迪生灯泡的灯丝早了八十年。英国发明家汉弗里·戴维在1802年发明了"弧光灯"，用木炭电极连接伏打电堆。数十年里取得了更多改进之后，可用的家用灯泡才被制造出来。到1840年，使用铂金灯丝的造价昂贵的灯泡出现了。但需要合适的灯丝材料和真空才能制造出寿命长且节能的灯泡。爱迪生在开展了数十年的实验后，从其他试图将灯泡商业化的人手中购买了专利，并尝试了木、棉和上千种植物材料制作的灯丝。他的团队于1879年提交了一项关键的专利，发现碳化竹丝的寿命可超过1000小时。而在1910年左右问世的钨丝则一直被使用，直至白炽灯泡不再流行。

相关主题
照相机 132页
电影 136页

3秒钟人物传记
亚历山德罗·伏打
1745—1827
意大利物理学家、化学家、电学先驱和发明家，发明了伏打电堆

托马斯·爱迪生
1847—1931
美国发明家和商人，他获得了首个商用灯泡的专利权

妇女电气联盟
1025—1986
英国女工程师协会为普及家庭用电和推广家用电器而成立的组织

本文作者
安德鲁·西姆斯

3分钟扩展
利弗莫尔的"百年灯泡"被认为是世界上最早的灯泡，从1901年起一直持续发光。但有一个例外，20世纪20年代一家叫作福珀斯的制造企业联盟（包含欧司朗、飞利浦和通用电气等子公司），共同谋划制造比当时常见寿命（1500—2000小时）短，寿命仅为1000小时的灯泡。今天节能荧光灯的寿命为8000小时，而发光二极管的寿命高达50000小时。

经济方面的利己主义阻碍了早期家用照明的推广。

照相机

30秒钟历史

　　照相机的原理比多数人以为的都要简单。光线通过一个小孔进入黑暗的空间时会投射出外部的影像。这种方式早已被古希腊人知晓，亚里士多德也注意到了。而将影像固定下来的化学过程则出现得晚得多。暗箱的尺寸从整个房间到一个盒子不等。这种照相机成为讨人喜欢的新奇玩意儿，或是现代摄影技术出现之前的数百年里艺术家作画的辅助工具。暗箱起源于照相制版法的实验，由法国人约瑟夫·尼塞福尔·涅普斯发明。在多年的化学实验后，他于1826年至1827年将暗室和一块用感光沥青覆盖的金属板结合起来，制成了第一张来自生活中的照片。这个过程也是缓慢而困难的。摄影技术接下来的发展包括设备尺寸变小、成像速度变快、质量变高。1861年英国摄影师托马斯·萨顿和苏格兰物理学家詹姆斯·克拉克·麦克斯韦合作拍摄了最早的彩色照片。三张底片将红光、绿光和蓝光分别打印的技术，仍然是用化学和电子方法记录影像的基础。

3秒钟人物传记

约瑟夫·尼塞福尔·涅普斯
1765—1833
法国发明家，发明了第一个永久记录影像的方法

托马斯·萨顿
1819—1875
英国发明家，1861年使用了麦克斯韦的方法，拍摄了第一张彩色照片

詹姆斯·克拉克·麦克斯韦
1831—1879
苏格兰物理学家，其关于人类对色彩的感知的研究促进了彩色照相机的发明

本文作者

安德鲁·西姆斯

　　一段长达二百五十年的时间，将我们从"暗室"中的化学反应带到了过度曝光的"自拍"。

1897年
在布劳基特出生前数周父亲被谋杀

1898年1月10日
出生于美国纽约州斯克内克塔迪

1917年
被布林莫尔学院授予物理学学士学位

1901年
全家搬到法国

1912年
全家搬回纽约。布劳基特在雷盛学校上学，对数学产生了兴趣

1918年
在芝加哥大学获得硕士学位，成为通用电气研究实验室聘用的第一位女科学家

1919年
在21岁时发表自己的第一篇论文。论文内容是关于在防毒面具中使用焦炭过滤毒素

1926年
成为剑桥大学第一位被授予物理学博士学位的女性。在欧内斯特·卢瑟福的卡文迪许实验室做研究

1933年
发明了"彩色测量仪"使得对单个分子的薄膜层进行测量成为可能

1935年
发明了使单个分子厚度薄膜层伸展的方法

1938年
发明了制造非反射"隐形玻璃"的涂层方法

1939年
布劳基特的发明在电影《乱世佳人》的拍摄中被使用。电影因画质受到赞誉

1951年
获得多项荣誉学位和奖项后，成为第一位获得美国化学学会授予的弗朗斯西·沃尔克奖的工业科学家

1953年
在《科学》杂志纪念通用电气实验室成立七十五周年的文章中未被提及

1963年
从通用电气实验室退休

1979年10月12日
去世，享年81岁。曾活跃于"职业妇女福利互助俱乐部"，该俱乐部的使命是支持和提高职业妇女的地位

人物介绍：凯瑟琳·布尔·布劳基特

KATHARINE BURR BLODGETT

发明家凯瑟琳·布尔·布劳基特的发明造福着人们。人们可能每天都在使用，却根本不会留意到。无论什么时候，透过某些窗户、照相机镜头或汽车挡风玻璃望出去，人们要么看得见它，要么根本没有看见。人们在商店橱窗展示或移动电话上会看见它，在画廊墙上挂的画中会看见它，在其他场景中也会看见它。布劳基特发明了一种排除玻璃反射光中扭曲眩光的方法。现代生活中能透过玻璃看清事物，要归功于她的"隐形玻璃"。

布劳基特于1898年出生于美国纽约州斯克内克塔迪。她从没见过自己的父亲，因为父亲在她出生前数周便被一个窃贼杀害。但父亲对她的影响延续了下来了。布劳基特最后在她父亲曾工作的公司，即通用电气实验室上班。他父亲的公司好友欧文·朗缪尔鼓励她进行科学研究。朗缪尔后来在1932年获得诺贝尔化学奖，而布劳基特1918年从芝加哥大学毕业后就成为他的助手。

后来布劳基特在1924年重新回到实验室工作。在英国剑桥大学她与欧内斯特·卢瑟福共事，并成为剑桥大学第一位获得物理学博士学位的女性。她早期与朗缪尔合作，研究如何在水面上制造超薄均匀的油层，后来她又研究如何将油层转移至物体表面并进行堆叠。这项研究最终被命名为"朗缪尔-布劳基特薄膜"。在她发明了这一方法后，其实际的应用随之出现。她发现在玻璃上堆叠数量精确的薄膜层有着明显降低反射和眩光的效果。"隐形玻璃"不是布劳基特的唯一贡献。第二次世界大战期间，她为地面部队制定了防护装置、飞机防冰除冰装置和地面部队使用的烟雾弹等作战准备。

除了科研之外，布劳基特还从事于戏剧、天文和园艺，并有两段长期的感情经历。布劳基特一生获得很多奖项和荣誉学位，但在《科学》杂志于1953年发表的纪念通用电气实验室成立七十五周年的文章中却并未被提及。

安德鲁·西姆斯

电影

30秒钟历史

3秒钟速览
机械方面的改进，让快速有序的影像同大脑保存和组合影像的能力结合起来，从而形成了活动的幻境。

3分钟扩展
动态图像让人们能够思考和逃离现实，也许这就是电影对人们的巨大吸引力所在。一些早期的电影只是人群、街道和家庭场景的简单排列。为了随时捕捉熟悉的面孔和地点，让观众感觉自己的日常生活和在世界上所处的位置是真实的，于是很快就有了奇幻电影作品，如法国电影制作人乔治·梅里爱1902年拍摄的《月球之旅》。

就像暗房出现在现代照相机之前，另外一项娱乐设施"活动幻境"也出现在电影之前。这种现象有这样一个事实，那就是电影真正的、不太为人们承认的发明家其实就是大脑。活动幻境让连续精致的图像可被迅速浏览，这靠的是视觉留存现象以及似动现象，从而创造出动态图像的错觉。一匹飞奔的马是最早的动态图像，由埃德沃德·迈布里奇于1877年摄制。他着迷于研究动物运动，拍摄了一系列马的图像，并把这些图像放进活动幻境的旋转盘里，人们观看后，就解决了一个长久的争论：马的四只脚是同时离地的。1888年电影胶片和电影摄影机问世，后者是由爱迪生委托技术员威廉·肯尼迪·劳理·迪克逊发明的将运动和胶片曝光同步的设备。这两者是又一次的进步，但只能允许一个人观看电影。投影技术即电影放映技术由奥古斯塔·卢米埃尔和路易斯·卢米埃尔于1895年发明。

3秒钟人物传记

埃德沃德·迈布里奇
1830—1904
英国摄影师，其对动物运动的研究产生了第一幅摄影动态图像

爱丽丝·盖
1873—1968
早期法国电影先驱，她将声音、色彩、特效和多民族演员进行融合，于1896年拍摄了可能是最早的叙事电影《卷心菜仙女》

本文作者

安德鲁·西姆斯

现实中总有不尽如人意的时候，而电影会把我们带到另一个世界。

制冷技术

30秒钟历史

热量会加快食品的腐烂，因此找到保持食品新鲜的方法是人类社会的重要工作。在现代制冷技术出现前，有维多利亚时代的冰屋，而北极的因纽特人则使用冰块长时间保存食物。家庭制冷设备是20世纪的发明，但使用"蒸发压缩"使封闭空间降温的技术可以追溯到18世纪40年代苏格兰物理学家威廉·卡伦所做的演示。一个世纪以后，用于工业的商用制冷系统被发明出来，例如机械工程师詹姆斯·哈里森发明了肉类加工行业的制冷技术，于1856获得专利并很快投入使用。与此同时，现代家用冰箱出现在美国。小沃尔夫是美国印第安纳州韦恩堡的工业制冷技术先锋老沃尔夫的儿子。小沃尔夫于1913年发明了用于销售的家用冰箱。一年后，在密歇根州底特律，纳撒尼尔·B·威尔士发明了被他称作"开尔文机"的冰箱。这种冰箱以发现绝对零度的物理学家威廉·汤姆森（开尔文勋爵）的名字命名。随着当时大量类似产品进入市场，不太可能说冰箱只有一名发明者。

相关主题
密封罐　128页

3秒钟人物传记

威廉·卡伦
1710 — 1790
苏格兰物理学家、著名教师，撰写了"关于流体蒸发制冷和其他制冷方法"的论文

小沃尔夫
1879 — 1954
美国发明家，第一位发明和推广名为"多梅尔（DOMELRE）"家用冰箱的人，名称来自家用冰箱（Domestic Electric Refrigerator）

本文作者

安德鲁·西姆斯

3秒钟速览
一位苏格兰物理学家对气体和真空的降温性能感到好奇，促进了制冷技术的发明。

3分钟扩展
制冷技术让生活变得更加舒适，但在环境方面付出了巨大代价。其影响环境的因素从冰箱产生的废弃物到大量的资源开采和使用的重污染化学物质。当人们发现现代制冷技术使用的化学物质损害了保护我们的臭氧层时，人类又采用了新的化学物质。但是这些化学物质却加速了全球变暖。如今人们仍在探究不会导致全球变暖的制冷技术。

制冷技术让食物保存得更久一点，但对于环境方面这并不是"免费的午餐"。

集中供暖

30秒钟历史

3秒钟速览
几千年来，人类都知道该如何保暖，但现代集中供暖让我们已离不开这种恒久的舒适。

3分钟扩展
集中供暖的舒适性是需要付出一定代价才能得来的。就像工业革命所用的能源一样，所有用于控制温度的热空气、蒸汽和热水都是由燃烧化石燃料提供的。具有讽刺意味的是，保持温暖和常温的技术却又导致地球迅速变暖和大气层失衡。这种"舒适"在未来可能依赖于可再生能源和由太阳能提供热量的"零碳住宅"。

人类"主宰"地球的一个原因是人类在环境中各种温度范围内的生存能力。人类能在永冻层上打猎，也能在沙漠中艰苦跋涉。但为了更好地生存，人类必须学习控制家中的温度。在高级工程学出现前，家中保温的方式为建造房屋来适应环境，如砌筑厚墙来隔热，在合适位置开洞通风。其后集中供暖系统便出现了，它其实比想象的要来得早。古罗马人使用地板下方和墙体内的取暖设施，用黏土制成的管子从炉中吹出热空气。这样的方法古希腊人也在用。但是集中供暖的概念在几个世纪中大部分被丢失了。现在来到英格兰的德比，这里有被人们所熟知的现代发明。1793年，磨坊主威廉·斯特拉特发明了可以使工厂升温的炉子，这项发明后来被用来改进医院的条件。苏格兰发明家和蒸汽机先驱詹姆斯·瓦特发明了家用蒸汽供暖系统，同时也被用于温室。但集中供暖最具标志性的发明是热水散热器，由俄罗斯发明家和商人弗兰兹·桑·嘉里发明。他在1857年获得散热器专利，使得现代人得以享受舒适恒温的集中供暖。

相关主题
蒸汽机　36页
内燃机　38页

3秒钟人物传记
詹姆斯·瓦特
1736—1819
苏格兰发明家，将其关于热能的知识用于家庭供暖

威廉·斯特拉特
1756—1830
英国磨坊主，使用钢框架让建筑物更安全，并用自己的新型加热方法供暖

弗兰兹·桑·嘉里
1824—1908
俄罗斯发明家，获得沙皇的许可推行自己的发明

本文作者
安德鲁·西姆斯

我们应该从家庭开始追求与环境更好地相处。